没伞的孩子，必须努力奔跑

meisandehaizi
bixunulibenpao

张卉妍 —— 著

前言

preface

不是每段路，都有人在身边默默地陪伴；不是每个难题，都有人及时伸出援手……指望在某一个人的身后永远地躲风避雨，几乎成了一种奢望。纵然真的有那么一个人愿意为你遮风挡雨，可谁也不敢保证，当突如其来的风暴降临时，他或她，是否还在你身边。要真正强大起来，总得挨过一段没有人帮忙、没有人支持的日子。不要抱怨那些痛苦，只要咬着牙撑过去，从每一份痛苦中汲取生命的养分，内心就会开出坚强的花。不要怨恨命运，指责它忘记了厚爱你，你要知道，世间没有与生俱来的幸运，唯有努力扇动隐形的翅膀，穿过所有的阴霾和阻挠，才能在阳光下翩翩起舞。

人可以脆弱，但绝不能懦弱。面对命运的打击和挑战，面对别人的流言蜚语，你应该做的不是哭泣，而是坚强和勇敢，保持清醒冷静的头脑，坦然面对生活，从容面对现实。只有这样，我们才有希望演绎出辉煌的成就和个性的自我，才能成为一个无坚不摧的人！生命是一次次蜕变的过程，唯有经历各种各样的磨难，才能让蜕变得以实现，才能增加生命的厚度。面对挫折和打击，我们要积极地选择方法，放弃自怜自艾，做一名生活的勇者；停止自暴自弃，做一个人生的强者。在困境中忍耐着、坚持着，当走过黑暗与苦难的长长隧道后，你或许会惊奇地发现，平凡如沙粒的你，不知不觉中，已长成了一颗珍珠。

生活所给予的，最终没有什么是不能被接受的。痛苦的时候就哭泣，但是别逃避；忧伤的时候可以脆弱，但是别放弃。写出《少年派的奇幻漂流》的扬·马特尔说：“无论生活以怎样的方式向你走来，你都必须接受它，尽可能地享受它。”

我们每个人大都走在一条满是荆棘的路上，我们跌跌撞撞、满身泥泞、受伤流血、痛哭流涕，我们看见了生活的真相，却依旧奋力前行。因为没有什么可以轻易把人打动，除了内心深沉的爱；也没有什么可以轻易把人打倒，除了放弃的自己。

一个人要走过很多路，隐藏很多伤口，才能展示自己最有力量的一面；要做很多牺牲，忍下很多委屈，才明白昨日的经历是为了让今天的自己更坚强。所有洪荒之力的背后，都是生不如死的坚持，你的人生应该疯过、爱过、恨过、闯过、拼过、努力过，即使只有 1% 的希望，也要付出 100% 的努力！

这一秒不放弃，下一刻才有希望；如果不努力，你连羡慕别人都感到惭愧。可以被暂时击溃，却不是永远倒下。你可以哭，但不能认输！无论正在经历什么，都请你不要轻言放弃。努力奋斗的你，终能把成长中的伤痕，活成耀眼的勋章。

目录

CONTENTS

第八章 人生没有彩排，现在就是你的未来

第九章 世上没有立竿见影的努力，也没有全然无用的经历

第一章

哪怕身处沟壑，也要仰望星空

待你全副武装，转身梦想就在身旁

宝藏就在眼前，许多人却视而不见，还一味地抱怨上苍的不公。不要把时间花在叹息、抱怨上，用你的慧眼去审视周围的一切吧，也许你会发现，宝藏原来就在身边。

有一位古董商路过一片树林，遇见一位樵夫正在那儿砍柴。樵夫边砍柴边抱怨说："我的命怎么这么苦，每天不得不辛苦地砍柴，我所有的财产就只有这把又旧又钝的斧头。老天啊！你对我真是太不公平了！"

古董商走累了，坐在树旁休息，樵夫手中的斧头引起了他的注意，因为那不是一把普通的斧头，那是前人留下的宝物。

古董商走上前去："年轻人，我出十两银子买你这把斧子。"

"别开玩笑了！"樵夫低着头，继续砍他的柴。

古董商想了想，又开口说："那一百两吧！"

樵夫呆住了，抬起头看了一下对方，心想，这怎么可能？于是他摇摇头，继续砍他的柴。

古董商为了表示自己的诚意，就将身上的钱全都掏了出来。

这时，樵夫忍不住放声大哭。古董商慌忙对樵夫说：“你不卖，我不为难你，你又何必如何伤心呢？”

樵夫痛心地回答：“我不是舍不得那把斧头，而是难过自己的无知——一把在你心中值几百两的宝贝，我却当它一文不值，还终日抱怨！”

其实，在这个世界上，不只是樵夫不能发现身边的宝藏，很多人都是如此。在美国西北蒙大拿州比鲁特山边的达比镇，人们好多年都习惯于仰望那座晶山。晶山之所以获得这个名称，是因为它被风雨侵蚀，暴露出一条凸出的狭窄的微微发光的晶体岩脊，看上去有点像岩盐。

多少年来，没有一个人去弯下身子捡起一块发亮的石块，好好地把它研究一下。

直到 1995 年，达比镇举办了一个矿石展览会，康顿和汤普生这两个年轻人看到矿物展品中的绿玉标本上附着的卡片，得知绿玉可用于原子能工业。他们想到了晶山，想到了那发着绿光的晶体岩，想到了晶山上的矿物会有大用途，于是他们立刻在晶山上立柱，表示所有权。最终，经专家检验分析，认定晶山是极有价值的世界最大的铍的矿产地之一。

一位年轻人，为了寻找钻石，变卖了自己的地产，到很远的地方寻找宝藏去了。而买下他地产的人，把骆驼牵到后院小河边喝水，当他们凑到河边时，这个人发现了一块闪光的东西，原来是块钻石。

不久，卖房的那位青年空手而归，来到自己原来的住处，发现自己原来的地产上，正在开掘钻石。

人们往往舍近求远，其实钻石就在你的脚边。要知道，只有身边的东西才是最现实的。远方的诱惑很美丽，近处的东西太无奇。然而，许多我们倾尽心力却无法得到的东西，恰恰藏匿在这些无奇之中。我们只有把目光移到脚底下，才会赫然发现那块闪着奇光的钻石。

成功，似乎遥不可及，但是只要积极观察，生活总会给你回报。千万不要说："我没有机会来创造些什么。"创造的机会其实每天都从你脑中冒出来。许多生活中的事件蕴含着巨大的机遇，问题是许多人熟视无睹，不予探究。心存美好的向往，从身边的点滴中寻找生活的机遇，钻石就会在你眼前微笑。

坚持理想，最美好的都在未来等你

有这么一个小孩儿，还在蹒跚学步的时候，他就对摄像机产生了浓厚的兴趣，会在摄像机前摆各种动作。只有 4 岁的时候，他就开始了自己的电影生涯，在多部电影和电视剧中担任主角。6 岁的时候，他开始为电影写主题曲，并且亲自演唱了好几部电影中的歌曲。9 岁的时候，这位天才般的童星，又向一个新的领域发起了挑战：导演自己写的剧本。随着影片的拍摄工作即将结束，刚刚过完 10 岁生日的基桑将成为世界上年纪最小的导演。

基桑出生于 1996 年 1 月 6 日。据他的父亲回忆说，还在学走路时，小基桑就对摄像机产生了浓厚的兴趣。基桑的电影生涯是从 4 岁正式开始的，当时很多朋友都建议他父母送他去试镜。很快，基桑就在一部冒险电影《村里的仙女》中出演一个角色。在那之后，他又在一部每天播出的班加罗尔肥皂剧《潘都爸爸》中出演主角。很快，“基桑大师”就成了当地最著名的童星。

如今，“基桑大师”已经出演了24部电影以及1000多集电视剧。基桑表示，他最喜欢的演员是阿诺德·施瓦辛格和宝莱坞大明星阿穆布·巴克强。

那么，是什么让基桑从一名演员转变为一名导演的呢？基桑回忆说，有一次他在班加罗尔一条繁华街道上，与一些卖报的孩子交谈。他问这些孩子为什么不去上学，一些孩子回答说自己是孤儿，另一些则告诉他，如果没有赚到钱回了家就会挨打。

这次经历让基桑深受触动，他据此写出了一部短篇小说。基桑回忆说：“我希望他们能去上学，我希望我的电影能让他们鼓起上学的勇气。”

在当地一些记者的帮助下，基桑将自己的短篇小说改写成了一个剧本，讲述了一个渴望上学的班加罗尔孤儿的故事。基桑说：“我以前一直在演电影，但我一直都对导演很感兴趣。我的朋友们在读了剧本以后，都建议我把它拍出来。”

虽然只有9岁，又是第一次担任导演，但“基桑大师”却请到了宝莱坞老牌影星杰凯·希洛夫和绍拉·苏卡拉，以及获得全国表演大奖的女演员莎拉。

杰凯·希洛夫回忆说，当基桑向他描述这部电影时，他被深深地感动了，于是决定出演其中的一个角色。希洛夫说：“他实在太有天赋了，让我没法拒绝出演他的电影。他总在不停地思考下一个镜头，不停地尝试创新，希望拍得更好。虽然他才 9 岁，但他完全知道自己想要演员做什么。”

由于工作繁忙，在拍摄电影期间，基桑每个月只能上 10 天学。在其他时间，则由他的秘书负责每天为他整理课堂笔记，好让他能跟上老师的进度。

虽然缺了很多课，但基桑的功课却一点都不比其他孩子差。他的英语和卡纳达语 (印度当地的一种语言) 都说得很好。不仅如此，他还能听得懂北印度语和泰米尔语。

这部名为《C/0 小路》的电影，预算为 10 万英镑，达到了当地电影一般的水平。基桑的爸爸说，有很多制作人都想为这部电影出资，但他们最终决定还是由自己来负担这些费用，因为“我们知道它肯定会一炮打响的”。

可见，当一个人明白他想要什么并且坚持自己的理想，那么整个世界都将为他让路。

一个人要想享受快乐人生，就要经受得住生活对你的考验。坚持自己的理想，幸福就是生活对你的奖赏。

别人没有想到的，正是你应该做的

如果你能拥有创新的头脑，即使你现在一无所有，在不远的将来，它必能带领你穿过无数艰难阻碍，到达幸福的彼岸。

两个虔诚的教徒在教堂做礼拜。这两个人都是烟鬼，他们的烟瘾犯了，很想抽烟，但是又怕牧师说他们不诚心。

第一个实在憋不住了，就对牧师说："我在祈祷的时候可以抽烟吗？"

"当然不可以，这是对上帝的不尊敬。"牧师正色说道。

于是第二个人说道："亲爱的牧师，我可以在抽烟的时候祈祷吗？"

"哦，当然可以，你真是个虔诚的信徒。"牧师高兴地说。

于是第二个人美美地点上一根烟，抽了起来。

如果第二个人对牧师说："牧师，我烟瘾犯了，实在受不了了，你就让我抽一根烟吧。"那么，他肯定会被赶出教堂。但这个聪明的家伙并没有用普通的思维去提要求，而是运用了一种新的思维使牧师同意了他的要求，最终美美地抽上了烟。其实，生活中的任何事情都是这样，并不是只有天才才能进行创新，创新只在于找出新的改进方法。

1987年，美国的两个邮递员科尔曼和施洛特无意中看到一个小孩子拿着一种发亮光的荧光棒，便想这东西能派什么用场呢？在胡思乱想中，两个人随手把棒棒糖放在荧光棒顶端。结果，光线穿过半透明的糖果，显现出一种奇幻的效果。这一小小的发现，让两人惊喜不已。他们为此申请了发光棒棒糖专利，还把这个专利卖给了开普糖果公司。

奇迹由此开始。两个邮递员继续想：棒棒糖舔起来很费劲，能不能加上一个能自动旋转的小马达，由电池对它进行驱动，这样既省劲又好玩。这种想法很快付诸实施。对他们来说，这种创造太简单了！旋转棒棒糖很快投入市场，并且获得了极大的成功。在最初的6年里，这种售价2.99美元的小商品一共卖出了6000万个！科尔曼和施洛特得到了丰厚的回报。

更大的奇迹还在后面。开普糖果公司的负责人奥舍在一家超市内看到了电动牙刷，虽有许多品牌，但价格都高达50多美元，因此销售量很小。奥舍灵机一动：为什么不用旋转棒棒糖的技术，用5美元的成本来制造一只电动牙刷呢？

奥舍与科尔曼、施洛特着手进行技术移植，很快，美国市场上最畅销的旋转牙刷诞生了，它甚至要比传统牙刷还好卖。在2000年，3个人组建的小公司卖出了1000万把该种牙刷！这下，宝洁公司坐不住了，相比之下，它们的电动牙刷成本太高了，几乎没有市场竞争力。于是，经过讨价还价，2001年1月，宝洁收购了这家小公司，预付款1.65亿美元，三个创始人在未来的三年内留在宝洁公司。过了一年多，宝洁公司便提前结束与奥舍、科尔曼、施洛特三人的合同。因为宝洁公司发现电动牙刷太好卖了，远远超出了他们的预料。借助一家国际超市公司，它已在全球35个国家进行销售。按照这种趋势，宝洁在三年合同期满后付给奥舍等三人的钱要远远超出预期。最后经过协商，合同提前中止，奥舍、科尔曼、施洛特一次性拿到了3.1亿美元，加上原来1.65亿美元的预付款，共4.75亿美元。这是一个令人头晕目眩的天文数字，如果用卡车去银行拉这么多现金，恐怕要费上相当一番功夫！

一个人，可以不去奢望那4.75亿美元，但不应该冷落技术创造、灵感创意这些成功的要素。有时候，一个小小的无意中冒出的创新念头，也许便会改变你的人生。

改变不了世界时，就改变自己

大自然的法则是“弱肉强食，适者生存”。适应者生存，不适应者淘汰，这条定律是通用世界的天条。

老鼠是一种不太让人喜欢的小动物，在地球上出现和存在的历史已很悠久了，在地球上的分布比人类还广。很长一段时间以来，人们为了消灭它们，想出了种种办法。但是因为老鼠适应环境的能力特别强，现代科学家们认为，除了老鼠的天敌狐狸、猫头鹰能制住它们外，没有什么东西能彻底制住老鼠。

老鼠能适应各种恶劣环境，从炎热的赤道到酷寒的两极，都可见到这些小东西活跃的身影。甚至在原子弹爆炸后的废墟上，最早出现的动物也是老鼠。1954 年，美国在位于太平洋的比基尼岛试爆了世界第一颗氢弹以后，岛上受到严重的核污染，海面下的珊瑚礁也遭到了彻底毁灭，整个海岛一片死寂，寸草不生，动物似乎绝迹了。但是过了几年之后，老鼠又在这个岛上出现了，它们体内的基因发生了变异，体形变得更加强壮、巨大，适应力和繁殖能力也更强了。

在食物上，老鼠也表现出了特别强的适应能力。它们什么东西都吃——从五谷、蔬菜、植物根块，到肉类、皮骨，甚至人类的皮鞋、纽扣。饿极了的时候，它们还会用坚硬锋利的牙齿啃食木头、墙壁、橡胶及其他一些无机物。即使是毒如蛇蝎，它们也照吃不误。在世界上的许多地方，都发生过群鼠与毒蛇相斗，最后咬死毒蛇、吞食蛇肉的事情。

老鼠究竟具有什么样的神奇本领，使化学药物无效用，核爆炸也奈何不得？至今还没有人做出完整、科学的回答。

在恶劣的环境和聪明的人类面前，适应环境能力极强的老鼠看起来简直就是神奇的化身，有人甚至发出了“未来统治世界的霸主将非这些小精灵们莫属”的感叹。难道我们不能从我们讨厌却值得我们好好反思的老鼠身上学到什么吗？

实践告诉我们，成功的人往往有良好的适应环境的能力和较强的心理适应能力。适应环境的能力决定着生物的生存质量。适者生存，不能适应的不是死亡就是被淘汰。适应环境已经不是一种选择的问题，而是关系生存的问题。如果我们能向老鼠学习，像老鼠一样适应环境，那我们的人生道路将是多么广阔而光明啊。

每一个当下的失去里，都隐藏着无限的可能性

美国标准石油公司（即美孚石油公司）有一位叫阿基勃特的小职员。阿基勃特有一个习惯，就是在自己所有的信件和账单上，甚至

出差住旅馆签名的时候都要在自己的签名下方写上“每桶四美元的标准石油”。

久而久之，所有人都知道了这件事，同事就戏称他为“每桶四美元的标准石油”，反而淡忘了他的姓名。一个偶然的机会，公司董事长洛克菲勒听说了这件事，非常惊讶。他说：“这样时刻为公司利益着想的员工，我一定要见见他。”

于是，洛克菲勒邀请阿基勃特与他共进晚餐。在进餐过程中，董事长问阿基勃特为什么这样做。阿基勃特回答说：“既然这是公司的宣传口号，我就想利用一切能利用的机会，多写一点，让更多的人知道而已。”

这样时刻为公司利益着想、积极为公司创造利益的人，能不得到老板的器重吗？在董事长洛克菲勒离任以后，阿基勃特就成为了第二任董事长。

所以，不要老是抱怨没有好的机会降临在你身上，不要老想着会有兔子撞到你面前。成功的机会无处不在，关键在于你是否能紧紧地抓住。聪明的人能从一件小事中得到大启示，有所感悟，化为成功的机会；而愚笨的人即使机会放在他面前也会茫然不知。机会，无处不在，无时不有，每天都在出现，有时候它就在你身边，只不过你没有发觉罢了。

在我们身边，许多偶然的事件之中蕴含着巨大的机遇，问题是许多人熟视无睹，不予探究。细心观察，发现机遇，你才能做出一番业绩。因此，当上天赐予你一个机会时，一定要好好把握住了。

抓住机会，你才有可能与成功接触

机会无处不在，关键是看你有没有再迈出一步的勇气。如果没有了尝试的勇气，即使你条件再好，也只能与机遇擦肩而过了。

一群小女孩儿在练习跳水。当所有的孩子都已勇敢地从三米跳台跳下水时，只剩下一个小女孩儿没有跳。这个小女孩儿长得很漂亮，但是恐慌却写在她的脸上。老师在旁边鼓励，周围的同学也在鼓励，但是她就是害怕，害怕得泪水已经流了出来。

“还有几分钟就要下课了。”老师似乎已经对这个小女孩儿失去了耐心，有些不满地说。小女孩儿听了，腿抖得更厉害了，但是她艰难地退了一小步，又前进了一大步，往池子里看了看——三米的高度。突然，周围的人看见她闭着眼睛跳了下去，水花溅得很高，但掌声却响了起来。

“安格拉，我们都为你自豪，你是怎样战胜自己的胆怯的？”旁边一个叫米吉娜的伙伴问她。这个叫安格拉的12岁的小女孩儿已经抹干了泪水，穿上了衣服。她用还有点发颤的声音慢慢地说：“我突然想起了爸爸说过的一句话，他说在困难的时候闭着眼睛也要往前迈一步。”

安格拉的爸爸是当地一位有名的神学院院长。他对她的要求很严格，希望她能在同龄人中出类拔萃。她从没有忘记父亲对她的教诲，在各个方面都很刻苦，即使是在最差的体育方面，她也做到了坚持。

因为这样一个信念，安格拉在学业上进步很快，尤其是在科学方面显露出不同凡响的能力与才华，她两次参加当时的华约国家奥林匹克数学竞赛。她的数学老师曾这样评价：“我从来没有在数学班上见过她这样的女孩子。她真的很少见——逻辑性强、分析能力强，注意力非常集中。”32岁时，安格拉获得了物理学博士学位。

与此同时，这个平时除了学习成绩一路领先，生活中却显得有些保守和灰不溜秋的年轻人，开始了她出色的另一面——她表现出了对政治的极端关心与关注，以及由此所延伸出来的属于她的政治辉煌。

她就是安格拉·默克尔——德国历史上第一位女性总理，最年轻的总理，一个长期被人忽略的、被很多人称为“小灰老鼠”的女政治家。当有记者问她，为何能坚持到最后，并取得胜利时，默克尔笑了，她说，她突然就想起了孩提时的那次跳水，那个胆怯的小女孩儿终于鼓足勇气往前迈了一步！“我要好好地感谢我的父亲，因为他在我面对困难的时候总会重复这样一句话：当你在烦恼事情没有什么进展时，请不要停下你也许还在发抖的双脚，请你再往前迈一步，只要一步！”

这一天，偏僻的小山村突然开进了一辆汽车，这可是件新鲜事，全村人都围了过来。从车上走下几个人，其中一个穿黑色皮夹克的中年男子问大家：“你们想不想演电影？谁想演请站出来！”一连问了好几遍，村民们都不敢吱声，好多人只顾和身边的人嘀嘀咕咕。

这时，一个16岁的女孩子从人群中走出一步，站了出来：“我想演。”

她长得并不漂亮，单眼皮，脸蛋红扑扑的，透出一股山里孩子特有的倔强和淳朴。

“你会唱歌吗？”中年男子问。

“会。”女孩子大方地回答。

“那你现在就唱一个！”

“行！”女孩儿开口就唱，一边唱还一边扭，“我们的祖国是花园，花园里花朵真鲜艳……”

村人大笑。因为她的歌唱得实在不怎么好听，不但跑了调，而且唱到一半时还忘了词。但令大家意想不到的是，中年男子用手一指：“好，就是你了！”

这个勇敢地向前迈了一步的女孩子叫魏敏芝。她幸运地被大导演张艺谋选中，在电影《一个都不能少》中出演角色，名字很快传遍了大江南北。

显然，大导演看中的并不是女孩儿的演技，因为那实在不算是优秀的；大导演看中的是女孩儿走出那一步表现出来的勇敢。没有演技，我们可以练；如果连尝试的勇气都没有，还有什么能改变你的人生呢？人生需要我们不断尝试的勇气！

找到正确的方向，努力向前

有很多时候，我们朝着选准了的方向前进，努力了，奋斗了，付出了，可始终没能取得胜利。我们可能会埋怨外部环境，埋怨人情世故，埋怨老天不公，可我们是否能停下来想想，看看脚下的位置？

在地球的最北端，是一片茫茫的雪原，因此保持行进路线方向的正确是最重要的事情之一。可是，在这到处是白色的荒地里没有任何形式的路标，探险家只能相信他们携带的测量仪器。

探险队员们每走一个小时就要停下来查看一下地图，并为下一步探险绘制详细的行走路线。然而，就在他们走出营地几个小时之后，突然发现一个奇怪的现象。当他们停下来读取测量仪器上的数据时，惊奇地发现，尽管他们准确无误地朝着北极方向进发，可是离极点的距离却越来越远。

队员们没有多想，认为这只是一次误测，所以没有犹豫，继续朝前进发。在下一次读取数据时，他们再次发现离北极点更远了。尽管他们准确无误地沿着既定的路线前进，也始终保持着正确的方向，可他们还是离极点越来越远。

究竟是怎么回事？难道见鬼了不成？最后，他们终于发现，原来他们踏上了一座正在向南漂移的巨大冰川，冰川向南漂移的速度比他们向北行进的速度要快。他们做的每一件事都是完全正确的，可脚下却踏错了地方。

要知道，在错误的位置上很难走出正确的道路，不管你多么勤奋和坚持。所以，在你选定方向之前，还是先看看脚下的位置吧！

当年，居里夫人通过自己的研究得出结论，一定有着一种新元素的存在。但由于她只是从理论上推测但无法证明新元素镭，所以巴黎大学的董事会拒绝为她提供她所需要的实验室、实验设备和助理员，她只能在校内一个无人使用的四面透风漏雨的破旧大棚子里进行实验。她工作了 4 年，最初两年做的是粗笨的化工厂的活儿，不断地溶解分离，最后剩下的就是镭。经过一千多个日夜的辛苦工作，8吨小山一样的矿渣最后只剩下小器皿中的一点液体，再过一会儿将结晶成一小块晶体，那就是新元素镭。当她满怀希望抑制住激烈跳动的心朝那只小玻璃器皿中看时，她看到4年的汗水和8吨的沥青矿渣最后的结果只是一团污迹！

居里夫人有点生气，有点郁闷。要是普通人，准会发大火，然后把那个小器皿连同里面的那团污迹摔得粉碎！但是居里夫人没有，幸亏没有。

居里夫人疲倦地回到家。晚上，她躺在床上，还在想着那团污迹，想找出失败的原因：“如果我知道为什么失败，我就不会对失败太在意了。为什么只是一团污迹，而不是一小块白色或无色晶体呢？那才是我们想要的镭。”居里夫人像是对自己又像是对居里说话，突然，她眼睛一亮：也许镭就是这个样子，不像预测的那样是一块晶体。他们起身跑到实验室，器皿里不起眼的那团污迹，正是镭，一种具有极强放射性的元素！

通过这个故事，也许你已明白了为什么我们大多数人总是与成功失之交臂：当我们两只眼睛都盯住成功的招牌时，我们无法静下心来注视自己，反省自己，检查脚下的位置，及时调整自己的状态和方向，又怎么可能去理会那一团不起眼的污迹呢？

所以，无论你的工作有多忙，身体有多累，请一定要抽出时间来审视自己，好好检查自己的得失，拨开迷雾，调整自己，认清形势，只有这样，才能不迷失自己，保持正确的方向。

拥有智慧，人生将精彩和快乐

智慧是一种无形的财富，生活中，用好了智慧，财富自会滚滚而来，你的人生也将因此而精彩和快乐。

弗吉尼亚州的 W.C. 里夫斯建议林肯放弃萨姆特和皮肯斯城堡，以及南方各州的其他联邦产权。

林肯说："你记得《狮子和樵夫的女儿》这个寓言吗？"

"那倒没听说过。"里夫斯大惑不解。

于是，林肯便给他讲了这个故事：

"一只狮子深深地爱上了一个樵夫的女儿。姑娘的父亲说：'你的牙齿太大了。'狮子就去找牙医把牙齿拔了。它回来后又找樵夫提亲，樵夫说：'还不行，你的爪子上的指甲太长了。'狮子又去找医生，把指甲也拔了，然后回来要姑娘嫁给它。樵夫看到狮子已经解除了武装，就把它的脑袋打开了花。"

林肯最后说："如果别人让我怎样我就怎样，那我会不会也是这个下场呢？"

可见，再尖锐的牙齿，再锋利的爪子，也比不上一个会思考的脑袋。智慧，不但能让你逢凶化吉，更是解决问题的关键。

荷兰位于欧洲西北部，濒临北海，受洋流的影响，每到夏季，就有大批鲱鱼洄游到荷兰北部的沿海区域。

14 世纪时，荷兰人口不到 100 万，却有近 20 万人从事捕鱼业。在当时，荷兰人每年可以从北海中捕获超过 1000 万公斤的鲱鱼。小小的鲱鱼为 1/5 的荷兰人提供了生计，并成为荷兰的经济支柱。

荷兰人不敢想象，没有了鲱鱼，生活会是什么样子。

但是，造物主并没有给荷兰人独享鲱鱼的权利，生活在北海边的其他民族，也组织了捕捞鲱鱼的船队，以获得这种自然资源。和其他鱼类一样，鲱鱼保鲜的时间只有几天，而当时还没有制冷设施。随着大量的鲱鱼涌入欧洲市场，荷兰人的鲱鱼开始滞销、腐烂。这让一些荷兰人的生活陷入贫穷的危机。为了减少其他国家的捕捞量，荷兰人曾和他们的邻居苏格兰人爆发过三次战争，以争夺鲱鱼渔场。但战争也没能改变荷兰人的命运。

威廉姆·伯克尔斯宗是荷兰北部一个小渔村中的渔民。和很多荷兰人一样，威廉姆一直靠捕捞并出卖鲱鱼来养活妻子儿女。没有人买他的鲱鱼，就意味着威廉姆一家无法生存下去。那些日子，威廉姆每天满脑子想的都是鲱鱼："市场上的鲱鱼太多，就不会好卖；鲱鱼不能快速卖掉，就会变质腐烂；鲱鱼烂掉，就会没有饭吃……"威廉姆在思考中，竟然一下子抓住了问题的关键：鲱鱼的腐烂。如果有一种方法能不让鲱鱼烂掉，所有的难题就都会迎刃而解！

这个念头让威廉姆兴奋不已，他开始寻找解决这个问题的方法。最终，威廉姆发明了一种特制的小刀，用这种小刀，一刀就可以除去一条鲱鱼的鱼肠，然后再把盐放到鱼腹里，这就解决了鲱鱼腐烂的问题。经过这样处理过的鲱鱼，可以保存一年多的时间不变质。在没有冰箱的时代，这种独特的方法让荷兰的鲱鱼在激烈竞争中脱颖而出，最终战胜对手，畅销到整个欧洲。

就这样，荷兰渔民凭借一把小刀，将一种人人都可以染指的自然资源，转化为荷兰独占的资本。紧接着，借助畅销的鲱鱼，荷兰人开始了商旅生涯和海上贸易。到17世纪的时候，这个仅有150万人口的国家不但成为整个欧洲的经济中心和最富庶的地区，还将自己的势力延伸到地球上的其他角落。当时，人们称荷兰为“海上第一强国”。

如今，在荷兰港口城市鹿特丹的市中心，仍矗立着威廉姆的塑像，细心的人会看到，威廉姆的手里拿着鲱鱼和一把小刀。这个塑像似乎在提醒人们：荷兰的发展和崛起，是从威廉姆的那把小刀开始的。

如同14世纪的荷兰人，每当危机降临到头上，人们的表现总是方寸大乱，然后千方百计地去寻觅一种能破解危机的利刃，却没想到，那利刃就藏在每个人自己的心里，它的名字叫智慧。

《塔木德》中说：“独特的眼光比知识更重要。”知识固然重要，但是，如果没有智慧去驾驭它，你的知识就不能发挥出最大的作用。

智慧比知识更重要——拥有知识并不难，但在实际生活中正确运用这些知识非常不易。金钱和智慧两者中，智慧比金钱重要，因为智慧是能赚到钱的智慧。

专注于眼前，收获于明天

成功的第一要素是：能够将你身体与心智的能量锲而不舍地运用在同一个问题上而不会厌倦的能力。做好自己的本职工作，然后才能考虑其他的。

有一天，成功学家拿破仑·希尔问有名的马戏表演者冈瑟·格贝尔·威廉斯给了子承父业的儿子什么建议，他回答："我告诉他要在场。"

拿破仑·希尔当时不能确定他的意思是什么，也许是一个父亲告诉儿子一定要出场表演，就像他自己曾经连续表演一万场次一样，但其实冈瑟·格贝尔·威廉斯另有用意。这位世界知名的驯兽师解释，当他在马戏场中与狮子、老虎、豹在一起时，他绝对不能心不在焉，他的心一定要在马戏场里。诚然，当你在马戏场中，身边环绕着危险的动物时，心不在焉是多么危险的事啊。事实上，心不在焉对任何事业都可能造成灾害。

罗斯福说过："我从来不去想做一件事情会带来什么样的好处。我的人生原则就是，专注于做好手边的工作，其他的一概不想。"专注于眼前的事情，比胡思乱想尚未发生的事要重要得多。与"身在福中不知福"的道理一样，很多人不珍惜自身所拥有，而叹息自己怀才不遇，其实我们只要认真把自己的本职工作做好，或者是比别人要求我们做的更多一点，将会发现世界在我们面前豁然开朗。

《成功》杂志庆祝创刊100周年时，编辑们节录了一些早期杂志中的优秀文章，其中最令人印象深刻的是一篇摘录文章。作者西奥多·瑞瑟在爱迪生的实验室外面等待三个星期之后，才访问到这位著名的发明家。以下就是访谈的部分内容：

"瑞瑟：'就你的经历，你认为成功的第一要素是什么？'

"爱迪生：'能够将你身体与心智的能量锲而不舍地运用在同一个问题上而不会厌倦的能力……你整天都在做事，不是吗？每个人都是。假如你早上 7 点起床，晚上 11 点睡觉，你做事就做了整整 16 个小时。对大多数人而言，他们肯定是一直在做一些事，唯一的问题是，他们做很多很多事，而我只做一件。假如你们将这些时间运用在一个方向、一个目的上，你们就会成功。’”

广告大师罗瑟·瑞夫特就是认识到了这一点，才开创了一片天地。

罗瑟·瑞夫特在刚开始做文案的时候，薪水特别低。罗瑟生活十分困顿，叫苦连天，于是就想换份工作。朋友听说后告诫他说：“你现在的公司虽然小，但是很有发展潜力。如果你现在去找新的工作，你有什么出色的作品来作为筹码呢？你不如做好现在的工作，别想太多，做出几份出色的文案来，到那时，不是你找工作，而是工作来找你了。”罗瑟听了，打消了辞职的念头，潜心钻研，终于成为一代广告大师。

你想得到什么样的发展机会，先要看看你现在是什么人。机会并不是什么神秘莫测的事情，你应当想象到将来的发展，从生活中发现机会，把握住机会，从而改变自己的命运。

所以，不要做一个浮想联翩的梦想者。要知道如何踏实前进，从你现在的地位，向着你想要达到的目标前进。如果你对自己的目标幻想得太过度，而忘却了自己的实际情况，就会有一种错觉，觉得自己离目标已经很近。这很容易造成自满情绪，而忘却眼前的工作。

波士顿大学商科的教务长罗尔德对于毕业生曾经有这样的告诫：“人们每每容易有一种危险——那就是分心于其他的问题，而把目前的问题疏忽了。年轻人有许多失败，就是因为把目前的职务看得太容易简单，以为不值得他用全部的精力去干。”

你当然应该有更高的追求，但你必须有一项切实的计划，依着计划由现在的地位前进以到达目的地。重要的问题是：我现在做的事，是不是在帮助我取得更好的机会。

最后，一定要记住：别管你的人生目标有多高，不要做一个空泛的梦想者。立足眼前，先把眼前的事情做好，这样才能谋求人生的最大发展。

永不知足，才能与成功握手

但凡成功人士，无不从“不知足”开始起步。人生对他们来说就是攀登一个又一个的高峰,实现一个又一个一级比一级高的目标的过程。

蔡志忠说：“我用 10 年的时间名满天下，赚了 1000 万。倘若重新给我选择的机会，我只用这 10 年去看看高山，听听流水，别的什么也不做。”王蒙说：“我更倾向未成名前简简单单的读书生活。”体验了世间百味，经历了无数荣誉与挫折，阅尽了天下事，成功之后总是要归于平淡的。

然而，更多的人并没有成功过，却也叫着平平淡淡才是真，这就有点儿自欺欺人了。不成功却喊着追求平淡，其实是无能的一种托词。每个人来到世间时，只是一张白纸。而后漫漫岁月间，他所做的一切便是尽可能地为这张白纸增添尽可能多的色彩，一幅绚丽的彩画才是我们最圆满的结局。那些饱尝世上滋味的成功者早已将他的人生画卷涂抹得色彩斑斓，他们归于平静的原因只是想静下心来做一些最后的修改。或许是真的有些倦了，一旦休息时，他会觉得很是惬意，于是便说出了上面的话语。但是倘若真的让时光倒转，大概蔡志忠依旧会不懈地画他的漫画，王蒙仍然会不倦地作他的文章。

将生活变得更丰富、更有意义、更有价值。体验成功的喜悦，这是每个人最基本的愿望。

虽然成功意味着痛苦，意味着超人的付出，意味着这样或那样的代价……但只有这样，我们才能真正体验到生活的原味，才能使生活中的甜愈甜、苦愈苦、涩愈涩，才能真正地了解生活。

中国有句古语，叫作“知足者常乐”。这句话用在养生上尚有一定道理：你看，“知足常乐”，常知足就常常乐，常常乐就常知足。天天乐呵呵的人，那身体自然也就会好。但这句话用在人的发展上，却是大大的谬误。

因为知足，人们容易满足现状，小富即安，不思进取；因为知足，人们便很容易放弃拼搏与努力，也就失去了继续攀登高峰的动力，不求上进。

克利夫兰曾两度出任美国总统，可他刚开始时只不过是一名商店的售货员，如果当时他满足于现状，以为当好一名站柜台的售货员能够养家糊口便足矣，那么他不可能成为美国总统。

世界钢铁大王安德鲁·卡内基出身贫寒，他刚进入企业界时只不过是一名锅炉工，如果他仅仅满足于烧好锅炉，当好锅炉工，那他至多不过是一名称职的锅炉工，不可能成为世界钢铁大王。

福特是一名农庄主的儿子，他的父亲希望他成为一名农民，然而不满足于现状的他却身无分文地跑到了城市里闯世界，经过一番拼搏，终于创立了他的福特王国。

奥里森·马登说过：“如果一个青年人的境遇不逼迫他工作，让他感到生活上的不满足，那么他就不会再努力奋斗。”这句话真是精辟。

福特就是一个永不知足的人，在他的领导下，福特汽车不断进行技术创新，开创了福特汽车王国。

在汽车制造史上，流水作业是工业生产的一项创造性的革命，它是提高生产速度的必由之路，也是福特创造性的眼光带来的飞跃。

福特对汽车制造永不满足，在短短的几年时间里，福特不断改进设计，先后生产出A、B、C、F、K、N、R、S八种车型，从两缸到六缸，从八马力到四马力，从有篷到无篷，可以说是做了很大的努力。

当时，福特汽车的质量已经达到一定水准。但是，福特并未陶醉于已经取得的成功，他的追求是无限的。

有一天，福特告诉他的属下：“我在想汽车生产的规格化、标准化……”

“什么是规格化、标准化？”

“如果福特汽车外形、颜色完全统一，这样，买主维修、保养就方便多了，他们也会愿意买我们的车。”

福特不久又有了新构想，他说：“公司只是等顾客上门或是由人员销售，市场有限得很，我们可以通过邮局开展邮购业务……”

订单不断地涌来，有时一天就接到1000多份订单。订单之多不仅使销售人员招架不住了，生产人员也撑不住了。

仅仅一年时间，T型车就销售6000辆，除去一切宣传费用，净利比过去五年还高出200余万美元！

福特汽车的大量销售，达到了供不应求的地步。福特汽车再原地踏步，已无法适应新的市场需求。

福特决定扩建工厂，他在底特律海兰德公园购买了一块60英亩的土地，由年轻有为的建筑设计师阿尔巴顿·康负责设计工作。福特指示：新厂房要设计成屠宰业生产线的模式，实行流水作业。

工厂建成以后，工人的生产速度大为增加，福特创造了93分钟生产一辆汽车的新纪录。

新厂房竣工之际，由于T型车销售量成倍地增长，只好又把新厂扩大了一倍。T型车自1908年至1927年19年间，一共生产了1500万辆，曾一度占领了68%的世界汽车市场。

福特开始被视为卓越的成功者。他也为自己的成功感到无限喜悦，但他并不满足于此、陶醉于此。他从自己的成功经历中悟出“不停追求，才能不断进取”的真谛。

福特迅速成功地进行了从技术设备到员工管理的工业生产革命，从而使他的名字响彻世界。同时，他在汽车界的影响范围也在无限扩大，他几乎成了业界的典范人物。

永不知足，人们才会在实现或达到一个目标以后，给自己制订下一个更高的追求目标，这样才能拥有不畏艰难敢于拼搏的不竭动力，使成功成为可能；永不知足的人，他的意志、品格、力量和决心在不断的拼搏和奋斗中，得到了不断的锻炼和升华。

永不知足是否定过去，展望未来，勇往直前地立足现在，挑战未来；永不知足是否定现状，不拘泥于旧事物的约束，勇敢地追求更美好的未来，不安于现状，不满足于现状，不停滞于现状。只有永不知足，才能与成功握手。

你的美好，要靠自己成全

其实，每个人都可以将生活的历程当作是一场探险之旅，不断地发现，亦不断地会遇到新的人和景物。这样，你的生命才能有新的活力，活着才不会感到厌倦。

李博生是中国工艺美术大师，他的许多玉雕作品被作为国家级礼品赠送给尊贵的外宾。他的玛瑙作品《无量寿佛》曾获中国工艺美术百花奖的金杯奖，是顶级作品。面对别人的称赞，他却说自己虽然入行已 45 年了，但工作就是完善玉石，去除玉石的瑕疵。他在雕琢着玉石，玉石也同时在雕琢着他自己。

李博生于 1985 年到玉雕厂工作，第一次进厂，他看到的是好几位玉雕师光着膀子汗流浃背地打磨玉石的场面。当时他就知道做玉雕不光是雕刻那么简单，他暗暗发誓：自己一定要做到最好。

琢玉三年，李博生出师了。好几位高级工围着他的一件作品做评判。他充满自信，看见评委们也是频频点头，心中别提多高兴了。分数打了下来，评委们却只给了他 99 分。他很不服气，询问明明可以打 100 分的，为什么要扣掉 1 分。一位老工人评委对他说：“扣掉你 1 分，你还有前进的余地；要是给 100 分，你就走到头了，你还有发展的余地吗？”

听了这话，他恍然大悟，从此不再满足于自己，而是执着地走更艰辛的探索、创作之路，有时为了一件作品，甚至累得生病住院。30 岁的时候，他就已经进入了顶级玉雕大师的行列。

没有最好，只有更好。在追求更好的雕琢过程中，我们才能一步一步走近最好。人生的意义就在这一步一步的超越自己中得到了展现！

陈亮喜欢吃橘子，而妻子不喜欢吃。有时候他反复地劝说她，橘子富含维生素 C 啊，妻子就强调说：“再好的橘子我也不喜欢吃，因为我根本就不喜欢橘子的味道。”

陈亮觉得很遗憾，但妻子的话突然让他有了想法。是的，作为一个橘子，哪怕是再好的橘子，也照样有人不喜欢。

这个世界上的人，各人都有自己的所爱，通往罗马的道路有千千万万条，很多问题不是单项选择，答案往往丰富多彩。确定的世界是人为制造的，不确定的世界才是真实的世界，每一件事情的变化都有很多种可能。

因为谁也不愿意接受一个没有现成答案的世界，所以，人们喜欢欺骗自己说：“答案是早就存在了的。”

所以人们常常为不被接受而苦恼，总以为错误一定来自自身。我们总想：“也许我不是一个好的橘子。”在沮丧中，我们失去了对自己的信任，在他人的眼光中，我们匍匐前行，有时候甚至失去了前行的勇气。

若全世界的人都不肯认同你，那确实是你出了问题；如果只是很少的一部分人对你有非议，真的没有必要在意，因为，你不能、也不必做一个人人都喜欢的橘子。

生活中遇到他人对你自尊和自信的打击，或者是工作上的责难，或者是学习上的嘲笑，或者是爱情中的被遗弃，确实都是人生中很残酷也很难接受的事。我们的自尊心和自信心是最脆弱的东西，我们会怀疑自己："是不是我真的这么差啊？"而后这种消极的情绪会使我们沮丧，甚至一蹶不振。

也许你无法做一个人人喜欢的橘子，但你能努力去成为最好的一个。

人们常说，山外有山，人外有人。是的，一个人若是将别人视为敌人，那将是非常费力的事，因为你永远都有比自己强大的敌人。其实，在你与别人竞争之前，你必须先与自己竞争。努力去做，争取今天的我比昨天的我好，而明天的我将比今天更出色。做到了这一点，任何外在的敌人也就变得不那么可怕了。

一个人贵在能不断地超越自我，否则，不管他曾有过多么辉煌的过去，都难逃或沉沦、或一败涂地的尴尬境地。日本著名作家、诺贝尔文学奖得主川端康成，嘴里含着瓦斯管自杀身亡。据说，令他感到绝望的就是他认为自己的文学生命走到了尽头，他再也难以写出比以前更好的作品了。

永远追求卓越，努力做到最好，它能使你成功，让你的人生更精彩。成功人士的标志就是：事无大小，每做一件事，都竭尽全力，力求做到做好。泰戈尔说过："我只做一件事——努力做得完美。如果我只是大雨中的一滴小水珠，至少我要努力使自己成为最完美的一滴；如果我是六月的一片树叶，至少我要努力使自己成为一片鲜绿的叶子。"

第二章

有梦就别怕路远，想赢就别怕冒险

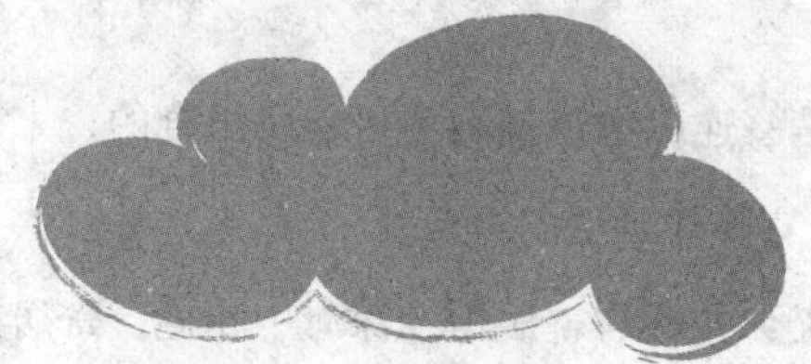

你若不勇敢，一切都免谈

生命是一连串的奇迹与不可能所组合的，未来会如何没有任何人能把握，冒险才是生命的真谛。

有一天，龙虾与寄居蟹在深海中相遇，寄居蟹看见龙虾正把自己的硬壳脱掉，只露出娇嫩的身躯。寄居蟹非常紧张地说："龙虾，你怎可以把唯一保护自己身躯的硬壳也放弃呢？难道你不怕有大鱼一口把你吃掉吗？以你现在的情况来看，连急流也会把你冲到岩石上去，到时你不死才怪呢。"

龙虾气定神闲地回答："谢谢你的关心，但是你不了解，我们龙虾每次成长，都必须先脱掉旧壳，才能生长出更坚固的外壳，现在面对的危险，只是为了将来发展得更好而做出准备。"

寄居蟹细心思量一下，自己整天只找可以避居的地方，而没有想过如何令自己成长得更强壮，整天只活在别人的庇护之下，难怪自己永远都会被限制发展。

每个人都有一定的安全区，你想跨越自己目前的成就，请不要画地自限。勇于接受挑战充实自我，才会发展得比想象中更好。

"衰老的重要标志，就是求稳怕变。所以，你想保持年轻吗？你希望自己有活力吗？你期待着清晨能在新生活的憧憬中醒来吗？有一个好办法——每天都冒一点险。”

在美国约塞未蒂国家公园，有一块垂直高度超过300米的大石，几乎是笔直的岩面，寸草不生。除了中段有个很小的岩洞可以栖身过夜外，整块石头可以说是毫无立足之地。只要光顾这里，导游就会指着这块光秃秃的石头对游客说：“有一位因登山而失去了双腿的登山家曾经攀上了这块石头。当时电视现场直播，万人空巷。”

这是怎样一种人，怎样一种精神。探险，之于当事人来说，并非寻求物质享受。正如张朝阳在珠峰脚下营地的日记所写：“我开始佩服那些勇敢攀登的人们；单只是虚荣心是无法支撑他们面对如此极端而危险的挑战，在那个时刻，你不会想到成功归来的鲜花与喝彩；那……还有什么？那是对人生严肃认真态度的毅然选择！那是内心勇敢乐观的无言明证！那是对人类生命力强大的终极的歌颂与赞叹！”

精神的力量，可以散布在人生的每一个角落，而这种体验也是一份生命的感动。

一位主管为了帮助一位长期保持稳定，但一直不愿晋升且无法突破的同事，煞费苦心却无法改变他。

有一天主管换了一种方式，问他的那位同事：“倘若你的独生子小学毕业时愿意继续留在原小学，而不愿升初中，理由是：如果这样的话，他就可以一直保持名列前茅的优势，而免除不及格和落后他人的顾虑。身为人父的你，会同意吗？”他不假思索地答道：“当然不行，怎么可以因为怕不及格和成绩单不好看而留级呢？上学的目的并不在成绩单，而在不断地学习与成长，考试与竞争的压力正是帮助学习与成长的最好方法。我绝对不会同意小孩留级，这样会害了小孩一辈子的。”

主管在旁边不断地点头微笑。最后话题一转，提醒他说：“身教重于言传，你自己应该是勇于接受挑战、突破竞争的时候了，别再担心无法达到目标及在与同行竞争中落后。如此因噎废食将使自己如同不愿升学的小孩，无形中遭到莫大的损失。”这位同仁在猛然顿悟之后果然接受忠告，以最快速度晋升做高职级，如同脱胎换骨一样。

每个人都会担心，怕定高目标后难以达到，怕晋升高职后比赛会输给别人，但是唯有接受挑战与压力才能不断地突破与成长。因为，勇谋大事而失败，强如不谋一事而成功。

把握机会，才能与成功不期而遇

《致富时代》杂志上，曾刊登过这样一个故事：

有一个自称“只要能赚钱的生意都做”的年轻人，在一次偶然的机会，听人说市民缺乏便宜的塑料袋盛垃圾。他立即就进行了市场调查，通过认真预测，认为有利可图，马上着手行动，很快把价廉物美的塑料袋推向市场。结果，靠那条别人看来一文不值的“垃圾袋”的信息，两星期内，这位小伙子就赚了 4 万块。

相反，一位智商一流、执有大学文凭的翩翩才子决心“下海”

做生意。

有朋友建议他炒股票，他豪情冲天，但去办股东卡时，他又犹豫道："炒股有风险啊，等等看。"

又有朋友建议他到夜校兼职讲课，他很有兴趣，但快到上课了，他又犹豫了："讲一堂课，才 20 块钱，没有什么意思。"

他很有天分，却一直在犹豫中度过。两三年了，一直没有"下"过海，碌碌无为。

一天，这位"犹豫先生"到乡间探亲，路过一片苹果园，望见满眼都是长势茁壮的苹果树，禁不住感叹道："上帝赐予了一块多么肥沃的土地啊！"种树人一听，对他说："那你就来看看上帝怎样在这里耕耘吧。"

有些人不是没有成功立业的机遇，只因不善抓机遇，所以最终错失机遇。他们做人好像永远不能自主，非有人在旁扶持不可，即使遇到一点小事，也得东奔西走地去和亲友邻人商量，同时脑子里更是胡思乱想，弄得自己一刻不宁。于是愈商量，愈打不定主意，愈东猜西想，愈是糊涂，就愈弄得毫无结果，不知所终。

没有判断力的人，往往使一件事情无法开场，即使开了场，也无法进行。他们的一生，大半都消耗在没有主见的怀疑之中，即使给这种人成功的机遇，他们也永远不会达到成功的目的。

一个成功者，应该具有当机立断、把握机遇的能力。他们只要自己把事情审查清楚，计划周密，就不再怀疑，立刻勇敢果断地行事。因此任何事情只要一到他们手里，往往能够随心所欲，大获成功。在行动前，很多人提心吊胆，犹豫不决。在这种情况下，首先你要问自己："我害怕什么？为什么我总是这样犹豫不决，抓不住机会？"

在成功之路上奔跑的人，如果能在机遇来临之前就能识别它，在它消逝之前就果断采取行动占有它，这样，幸运之神就来到你的面前。

当机立断，将它抓获，以免转瞬即逝，或是日久生变。看来，握住机遇，眼力和勇气是不可缺少的。

机遇是一位神奇的、充满灵性的，但性格怪僻的天使。它对每一个人都是公平的，但绝不会无缘无故地降临。只有经过反复尝试，多方出击，才能寻觅到它。

在通往成功的道路上，每一次机会都会轻轻地敲你的门。不要等待机会去为你开门，因为门闩在你自己这一面。机会也不会跑过来说"你好"，它只是告诉你"站起来，向前走"。知难而退，优柔寡断，缺乏勇往直前的勇气，这便是人生最大的遗憾。

要善于发现机会。很多的机会好像蒙尘的珍珠，让人无法一眼看清它华丽珍贵的本质。踏实的人并不是一味等待的人，要学会为机会拭去障眼的灰尘。

也要善于把握机会。没有一种机会可以让你看到未来的成败，人生的妙处也在于此。不通过拼搏得到的成功就像一开始就知道真正凶手的悬案电影般索然无味。选择一个机会，不可否认有失败的可能。将机会和自己的能力对比，合适的紧紧抓住，不合适的学会放弃。用明智的态度对待机会，也使用明智的态度对待人生。

不要为自己找借口了，诸如别人有关系、有钱，当然会成功；

别人成功是因为抓住了机遇，而我没有机遇，等等。

这些都是你维持现状的理由，其实根本原因是你没有什么目标，没有勇气，你是胆小鬼，你不敢迈出成功的第一步，你只知道成功不会属于你。

如果一生只求平稳，从不放开自己去追逐更高的目标，从不展翅高飞，那么人生便失去了意义。

这是一条生活准则，从你停止把握机会的那一刻起，你就开始死亡了。如果在商业中你总是毫无变化地做相同的事，那你就可能会破产。如果我们的行为同我们的祖先一样，那么进化过程就会停滞不前。世界会与你擦肩而过——它只为那些不断超越现状的人打开通向美好生活的大门。

人对于改变，多多少少会有一种莫名的紧张和不安，即使是面临代表进步的改变也会这样，这就是害怕冒风险造成的。

理性的勇敢才是最值得称道的勇敢

勇敢的定义只有一个，但勇敢的表现却可能多种多样。

有这样一个故事：

老板招聘雇员，有三人应聘。老板对第一个应聘者说："楼道有个玻璃窗，你用拳头把它击碎。"应聘者执行了，幸亏那不是一块真玻璃，不然他的手就会严重受伤。老板又对第二个应聘者说："这里有一桶脏水，你把它泼到清洁工身上去。她此刻正在楼道拐角处那个小屋里休息。你不要说话，推开门泼到她身上就是了。”这位应聘者提着脏水出去，找到那间小屋，推开门，果见一位女清洁工坐在那里。他也不说话，把脏水泼在她头上，回头就走，向老板交差。老板此时告诉他，坐在那里的不过是个蜡像。老板最后对第三个应聘者说：“大厅里坐着个胖子，你去狠狠击他两拳。”这位应聘者说：“对不起，我没有理由去击他；即便有理由，我也不能用击打的方法。我因此可能不会被您录用，但我也不执行您这样的命令。”此时，老板宣布，第三位应聘者被聘用，理由是他是一个勇敢的人，也是一个理性的人。他有勇气不执行老板的荒唐命令，当然也更有勇气不执行其他人的荒唐命令了。

戴高乐将军也碰到过这样的勇敢者。那是1965年，法国发生民变，巴黎的学生、市民走上街头，要求当时任总统的戴高乐下台。戴高乐无计可施，来到德国的巴登——法军驻德司令部设在这里。戴高乐要求驻德法军司令带兵回到巴黎平息民变。但戴高乐的两次要求都遭到那位驻德法军司令的拒绝，还劝说戴高乐放弃这个命令。后来戴高乐非常感谢那位司令，称颂那位司令勇敢地拒绝执行他的命令。他还写信给那位司令的妻子，说这是上帝在他无能为力时让他来到巴登，又是上帝让他碰到那位司令。不然，他就可能是历史的罪人了。

三个应聘者，前两个坚决执行老板的命令，好像也无可厚非，但后一个拒绝执行老板的荒唐命令，则更值得赞誉。至于驻德法军的那位司令，敢于拒绝执行当时作为法国总统的戴高乐的有违民意、有违民主原则和精神的命令，就更难能可贵。所以勇敢不勇敢，不只是一种行为的体现，其中也包含着理性，包含着道义。没有理性的、缺乏理性的勇敢，没有道义的、缺乏道义的勇敢，不一定就是好勇敢。

勇敢是一个褒义词，它所体现的是一种好品德。人们教育孩子就要做勇敢的好孩子。但勇敢确实又还有一个是与非的前提。勇敢不是盲从，不分是非的、没有理性的绝对执行命令的勇敢是一种可怕的勇敢，也是一种愚蠢的勇敢。而坚持真理，敢于同谬误、同荒唐、同发疯对抗的勇敢、理性的勇敢才是最值得称道的勇敢。

苦只会苦一阵子，怕就会输一辈子

“应当惊恐的时候，是在不幸还能弥补之时；在它们不能完全弥补时，就应以勇气面对。”

从著名女作家乔治·艾略特的自传中，人们终于知道了她为什么没有与赫伯特·斯宾塞结婚。那不是她的错，因为她非常爱他，非常想与他结婚。他们有很多共同之处，他也追求她很多年，很多人都以为他们将要结婚。

有一天，斯宾塞用抛硬币来决定是否结婚，他事先想好，如果是正面就结婚，如果是反面就不结婚。结果硬币是反面，他决定不结婚。这个决定既残酷，又草率。这深深地伤害了艾略特，因为她深深地爱着他，也期待着他的爱。她很痛苦。

在心碎数月之后，她写信给一位朋友说：“我很好，很‘勇敢’，我本来想把这个词换成‘快乐’的。”当然，她也是幸运的，因为斯宾塞冷酷、抽象而又易怒。如果他们结婚，她所受到的痛苦可能更大。

实际上，这可以称得上是一种幸运的解脱方式。斯宾塞的个性僵硬，很多人认为他的哲学也是僵硬的。用抛硬币来决定终身大事，这样的行为如果不是出于自私，他的心理肯定有问题。由于斯宾塞一生未婚，可以说，对于其他女性来说，这也是幸运的。

当我们知道“勇气”可以代替“快乐”时，我们是幸运的，只是因为它揭示了生活中的一个事实。虽然我们失去了一些东西，但是，我们同时也有所得。即使我们没有运气，我们也可以有勇气。幸运也是变幻无常的，它会赋予一个人名声，赋予另一个人财富，并且可以毫无理由。勇气却是一个稳定而又可以依靠的朋友，只要我们信任它。

布菲特和利亚德是两个年轻人，他们原本生活在一个临海的小镇，但一场海啸吞噬了他们的家乡。两个人只好漂泊海上，寻找新的求生之地。

不知道漂了多久，他们终于到达一座无人的荒岛。两个人都很高兴，但是上岛之后才发现这里虫蛇遍地，处处都潜伏着危机，条件十分恶劣。

布菲特说：“我们就在这里定居吧，虽然条件差点，但是我们可以改造啊。只要肯出力气，一定可以打造一个温暖的家。”但是利亚德并不赞同伙伴的观点，他不想再去花心思、费力气打造一片新天地。于是，他辞别了伙伴，继续漂泊，后来他终于找到一座鲜花烂漫的小岛。这个岛上已有人家，他们的祖先正是 18 世纪海盗的后裔，经过几代人的努力，小岛终于建成了一座花园。利亚德认为这样的地方才适合生存，他留下来，当了一名小工，日子过得不好不坏。

多年后，利亚德乘船经过那座荒岛，想起当年的伙伴，就上岸来探访老友的踪影。

刚踏上小岛，这里的一切都让他感到陌生，他甚至怀疑自己走错了地方，因为这根本就不像一座荒岛：高大的屋舍、整齐的田畴、健壮的青年、活泼的孩子……

他惊讶地参观着，四处寻找布菲特的身影。终于，他认出在樱桃树下休息的老人就是自己的老友。于是，他激动地上前打招呼，两个共患难的朋友紧紧拥抱在一起。也许是劳累的缘故，布菲特显得更为苍老，但是他的精神非常好。尤其当说起变荒岛为乐园的经历时，更是神采奕奕。

最后布菲特指着整个岛说："这一切都是我双手干出来的，这是我的岛屿。"利亚德大吃一惊，他没想到当年的计划真的能够变成现实，心里很是愧疚，但是嘴上还在硬撑，他轻声嘟囔："为什么上天这么厚爱你，当时让我留在这个岛上，也许会比现在更好。"

有句古老的谚语说："生来就拥有财富还不如生来就有好运。"这句话说得也许正确，但是，如果生来就拥有勇气则会更好。财富可能会挥霍一空，好运可能会掉头而去，而勇气则会常伴你左右。

正像乔治·艾略特面对失恋的痛苦一样，让我们用笑脸来迎接悲惨的厄运，用百倍的勇气来应付一切的不幸。勇气在哪里，成功就在哪里；勇气在哪里，生命就在哪里。

自助者，才能做命运的主人

人生总是会遇到不顺的情况，很多人处于不利的困境时总期待借助别人的力量改变现状，殊不知，在这个世界上，最可靠的人不是别人，而是你自己，为何总想着依赖别人，而不是依赖自己呢？在这个世界上，你要勇敢地做你自己的上帝，因为，你的命运只能由你自己来主宰。

从事个性分析的专家罗伯特·菲利浦有一次在办公室接待了一位因自己开办的企业倒闭、负债累累、离开妻女四处为家的流浪者。那人进门打招呼说："我来这儿，是想见见这本书的作者。"说着，他从口袋里拿出一本名为《自信心》的书，那是罗伯特多年前写的。流浪者说"一定是命运之神在昨天下午把这本书放入我的口袋里的，因为我当时决定跳入密歇根湖，了此残生。我已经看破一切，已经绝望，所有的人(包括上帝在内)都抛弃了我。但还好，我看到了这本书，它使我产生了新的看法，为我带来了勇气及希望，并支持我度过昨天晚上。我已下定决心，只要我能见到这本书的作者，他一定能协助我再度站起来。现在，我来了，我想知道你能替我这样的人做些什么。”

在他说话的时候，罗伯特从头到脚打量着这位流浪者，发现他眼神茫然、神态紧张。这一切都显示，他已经无可救药了，但罗伯特不忍心对他这样说。因此，罗伯特请他坐下，要他把自己的故事完完整整地说出来。

听完流浪汉的故事，罗伯特想了想，说：“虽然我没有办法帮助你，但如果你愿意的话，我可以介绍你去见一个人，他可以帮助你赚回你所损失的钱，并且协助你东山再起。”罗伯特刚说完，流浪汉立刻跳了起来，抓住他的手，说道：“看在上天的分上，请带我去见这个人。”

他会为了“上天的分”而提此要求，显示他心中仍然存在着一丝希望。所以，罗伯特拉着他的手，引导他来到从事个性分析的心理试验室，和他一起站在一块窗帘之前。罗伯特把窗帘拉开，露出一面高大的镜子，罗伯特指着镜子里的流浪汉说：“就是这个人。在这个世界上，只有这个人能够使你东山再起，除非你坐下来，彻底认识这个人——当作你从前并未认识他——否则，你只能跳到密歇根湖里。因为在你对这个人未做充分的认识之前，对于你自己或这个世界来说，你都将是一个没有任何价值的废物。”

流浪汉朝着镜子走了几步，用手摸摸他长满胡须的脸孔，对着镜子里的人从头到脚打量了几分钟，然后后退几步，低下头，开始哭泣起来。过了一会儿，罗伯特领他走出电梯间，送他离去。

几天后，罗伯特在街上碰到了这个人。他不再是一个流浪汉形象，他西装革履，步伐轻快有力，原来的衰老、不安、紧张已经消失不见。

他说，感谢罗伯特先生让他找回了自己，并很快找到了工作。

后来，那个人真的东山再起，成为芝加哥的富翁。

人要勇敢地做自己的上帝，因为真正能够主宰自己命运的人就是自己，当你相信自己的力量之后，你的脚步就会变得轻快，你就会离成功的目标越来越近。只有做自己的上帝，你才能充分发挥你自身的潜能。如果你还在等待别人的帮助，那就在这一刻改变吧。

从 21 世纪人才的竞争来看，社会对人才素质的要求是很高的，除了具备良好的身体素质和智力水平，还必须具备生存意识、竞争意识、科技意识，以及创新意识。这就要求我们从现在开始注重对自己各方面能力的培养，只有使自己成为一个全面的、高素质的人，才可能在未来的竞争中站稳脚跟，取得成功。

人若失去自我，是一种不幸；人若失去自主，则是人生最大的缺憾。赤、橙、黄、绿、蓝、靛、紫，每个人都应该有自己的一片天地和特有的亮丽色彩。你应该果断地、毫无顾忌地向世人宣告并展示你的能力、你的风采、你的气度、你的才智。在生活的道路上，必须自己做选择，不要总是踩着别人的脚印走，不要总是听凭他人摆布，而要勇敢地驾驭自己的命运，调控自己的情感，做自己的主宰，做命运的主人。

善于驾驭自我命运的人，是最幸福的人。只有摆脱了依赖，抛弃了拐杖，具有自信、能够自主的人，才能走向成功。自立自强是走入社会的第一步，是打开成功之门的金钥匙。

真正的自助者是令人敬佩的觉悟者，他会藐视困难，而困难也会在他面前轰然倒地。

行动起来，因为只有你自己才能真正帮助自己。依赖别人，不如期待自己。

活鱼折腾跃过龙门，咸鱼安静翻不了身

平凡与平庸是两种截然不同的生活状态：前者如一颗使用中的螺丝钉，虽不起眼，却真真切切地发挥作用，实现价值；后者就像废弃的钉子，身处机器运转之外，无心也无力参与机器的运作。

平凡者纵使渺小却挖掘着自己生命的全部能量，平庸者却甘居无人发现的角落不肯露头。虽无惊天伟绩但物尽其用、人尽其能，这叫平凡；有能力发挥却自掩才华、自甘埋没，这叫平庸。

世间生命多种多样，有天上飞的，有水中游的，有陆上爬的，有山中走的；所有生命，都在时间与空间之流中兜兜转转。生命，总以其多彩多姿的形态展现着各自的意义和价值。

“生命的价值，是以一己之生命，带动无限生命的奋起、活跃。”智慧禅光在众生头顶照耀，生命在闪光中现出灿烂，在平凡中现出真实。所以，所有的生命都应该得到祝福。

“若生命是一朵花就应自然地开放，散发一缕芬芳于人间；若生命是一棵草就应自然地生长，不因是一棵草而自卑自叹；若生命好比一只蝶，何不翩翩飞舞？”芸芸众生，既不是翻江倒海的蛟龙，

也不是称霸林中的雄狮，我们在苦海里颠簸，在丛林中避险，平凡得像是海中的一滴水、林中的一片叶。海滩上，这一粒沙与那一粒沙的区别你可能看出？旷野里，这一堆黄土和那一堆黄土的差异你是否能道明？

每个生命都很平凡，但每个生命都不卑微，所以，真正的智者不会让自己的生命陨落在无休无止的自怨自艾中，也不会甘于身心的平庸。

你可见过在悬崖峭壁上卓然屹立的松树？它深深地扎根于岩缝之中，努力舒展着自己的躯干，任凭阳光曝晒、风吹雨打，在残酷的环境中它始终保持着昂扬的斗志和积极的姿态。或许，它很平凡，只是一棵树而已，但是它并不平庸，它努力地保持着自己生命的傲然姿态。

有这样一则寓言让我们懂得：每个生命都不卑微，都是大千世界中不可或缺的一环，都在自己的位置上发挥着自己的作用。

一只老鼠掉进了一只桶里，怎么也出不来。老鼠吱吱地叫着，它发出了哀鸣，可是谁也听不见。可怜的老鼠心想，这只桶大概就是自己的坟墓了。正在这时，一只大象经过桶边，用鼻子把老鼠钓了出来。

“谢谢你，大象。你救了我的命，我希望能报答你。”

大象笑着说：“你准备怎么报答我呢？你不过是一只小小的老鼠。”

过了一些日子，大象不幸被猎人捉住了。猎人用绳子把大象捆了起来，准备等天亮后运走。大象伤心地躺在地上，无论怎么挣扎，也无法把绳子扯断。

突然，小老鼠出现了。它开始咬着绳子，终于在天亮前咬断了绳子，替大象松了绑。

大象感激地说："谢谢你救了我的性命！你真的很强大！"

"不，其实我只是一只小小的老鼠。"小老鼠平静地回答。

每个生命都有自己绽放光彩的刹那，即使一只小小的老鼠，也能够拯救比自己体形大很多的巨象。故事中的这只老鼠正是星云大师所说的"有道者"，一个真正有道的人，即使别人看不起他，把他看成是卑贱的人，他也不受影响，因为他知道自己的人格、道德，不一定要求别人来了解、来重视。他依然会在自我的生命之旅中将智慧的种子撒播到世间各处。

有人说："平凡的人虽然不一定能成就一番惊天动地的大事业，但对他自己而言，能在生命的过程中把自己点燃，即使自己是根小火柴，只能发出微微星火也就足够了；平庸的人也许是一大捆火药，但他没有找到自己的引线，在忙忙碌碌中消沉下去，变成了一堆哑药。"

也许你只是一朵残缺的花，只是一片熬过旱季的叶子，或是一张简单的纸、一块无奇的布，也许你只是时间长河中一个匆匆而逝的过客，不会吸引人们半点的目光和惊叹，但只要你拥有积极的心态，并将自己的长处发挥到极致，就会成为成功驾驭生活的勇士。

敢于向不可能发起挑战

在自然界中，有一种十分有趣的动物，叫作大黄蜂。曾经有许多生物学家、物理学家、社会行为学家联合起来研究这种生物。根据生物学的观点，所有会飞的动物，必然是体态轻盈、翅膀十分宽大的，而大黄蜂这种生物的状况，却正好跟这个理论反其道而行之。大黄蜂的身躯十分笨重，而翅膀却出奇短小，依照生物学的理论来说，大黄蜂是绝对飞不起来的；而物理学家的论调则是，大黄蜂的身体与翅膀的比例，根据流体力学的观点，同样是绝对没有飞行的可能。简单地说，大黄蜂这种生物，是根本不可能飞得起来的。

可是，在大自然中，只要是正常的大黄蜂，没有一只是不能飞行的，甚至于它飞行的速度，并不比其他飞行动物慢。这种现象，仿佛是大自然和科学家们开了一个很大的玩笑。最后，社会行为学家找到了这个问题的答案。很简单，那就是——大黄蜂根本不懂“生物学”与“流体力学”。每一只大黄蜂在它成熟之后，就很清楚地知道，它一定要飞起来去觅食，否则必定会活活饿死！这正是大黄蜂之所以能够飞得那么好的奥秘。

由此可见，这世上没有绝对的“不可能”，只要敢于拼搏，一切皆有可能。

谈到“不可能”这个词，我们来看一看著名成功学大师卡耐基年轻时用的一个奇特的方法。

卡耐基年轻的时候想成为一名作家。要达到这个目的，他知道自己必须精于遣词造句，字典将是他的工具。但由于家里穷，接受的教育并不完整，因此“善意的朋友”就告诉他，说他的雄心是“不可能”实现的。

后来，卡耐基存钱买了一本最好的、最完全的、最漂亮的字典，他所需要的字都在这本字典里，而他对自己的要求是要完全了解和掌握这些字。他做了一件奇特的事，他找到“impossible（不可能）”这个词，用小剪刀把它剪下来，然后丢掉。于是他有了一本没有“不可能”的字典。以后他把整个事业建立在这个前提下，那就是“对一个要成长，而且超过别人的人来说，没有任何事情是不可能的。”

当然，并不是建议你从你的字典中把“不可能”这个字剪掉，而是建议你要从你的脑海中把这个观念铲除掉。谈话中不提它，想法中排除它，态度中去掉它、抛弃它，不再为它提供理由，不再为它寻找借口。把这个字和这个观念永远地抛开，而用光明灿烂的“可能”来代替它。

翻一翻你的人生词典，里面还有“不可能”吗？可能很多时候，在我们鼓起雄心壮志准备大干一场时，有人好心地告诉我们：“算了吧，你想的未免也太天真、太不可思议了，那是不可能的事情。”接着我们也开始怀疑自己：“我的想法是不是太不符合实际了，那是根本不可能达到的目标。”

假如回到500年前，如果有人对你说，你坐上一个银灰色的东西就可以飞上天；你拿出一个黑色的小盒子就能够跟远在千里之外的朋友说话；打开一个“方柜子”就能看到世界各地发生的事情……

你也同样会告诉他“不可能”。但是今天，飞机、手机、电视甚至宇宙飞船都已变成现实了。正如那句老话所说的：“没有做不到，只有想不到。”奇迹在任何时候都可能发生。

纵观历史上成就伟业的人，往往并非那些幸运之神的宠儿，而是那些将“不可能”和“我做不到”这样的字眼从他们的字典以及脑海中连根拔去的人。富尔顿仅有一只简单的桨轮，但他发明了蒸汽轮船；在一家药店的阁楼上，迈克尔·法拉第只有一堆破烂的瓶瓶罐罐，但他发现了电磁感应；在美国南方的一个地下室中，惠特尼只有几件工具，但他发明了锯齿轧花机；豪·伊莱亚斯只有简陋的针与梭，但他发明了缝纫机；贫穷的贝尔教授用最简单的仪器进行实验，但他发明了电话。

美国著名钢铁大王安德鲁·卡内基在描述他心目中的优秀员工时说：“我们所急需的人才，不是那些有着多么高贵的血统或者多么高学历的人，而是那些有着钢铁般的坚定意志，勇于向工作中的‘不可能’挑战的人。”

这是多么掷地有声、发人深省的一句话啊！

每一位在生活中，在职场上拼搏并希望获得成功的人，都应该把这句话铭刻在自己的记忆深处！敢于向“不可能”发出挑战，一切皆有可能！

人生最大的失败不是我不行，而是我本可以

在非洲的塞伦盖蒂大草原上，每年夏天，上百万只角马从干旱的塞伦盖蒂北上迁移到马赛马拉的湿地，这群角马正是大迁移的一部分成员。

在这艰辛的长途跋涉中，格鲁美地河是唯一的水源。这条河与迁移路线相交，对角马群来说既是生命的希望，又是死亡的象征。因为角马必须靠喝河水维持生命，但是河水还滋养着其他生命，例如灌木、大树和两岸的青草，而灌木丛还是猛兽藏身的理想场所。冒着炎炎烈日，口渴的角马群终于来到了河边，狮子突然从河边冲出，将角马扑倒在地。角马群扬起遮天的尘土，挡住了离狮子最近的那些角马的视线，一场厮杀在所难免。

在河流缓慢的地方，又有许多鳄鱼藏在水下，静等角马到来。有时湍急的河水本身就是一种危险。角马群巨大的冲击力将领头的角马挤入激流，它们若不是淹死，就是丧生于鳄鱼之口。

这天，角马们来到一处适于饮水的河边，它们似乎对这些可怕的危险了如指掌。领头的角马慢慢地走向河岸，每头角马都犹犹豫豫地走几步，嗅一嗅，叫一声，不约而同地又退回来，进进退退像跳舞一般。它们身后的角马群闻到了水的气息，一齐向前挤来，慢慢将“头马”们向水中挤去，不管它们是否情愿。角马群已经有很长时间没饮过水，你甚至能感觉到它们的绝望，然而舞蹈仍然继续着。

过了三个小时，终于有一只小角马“脱群而出”，开始饮水。为什么它敢于走入水中，是因为年幼无知，还是因为渴得受不了？那些大角马仍然惊恐地止步不前，直到角马群将它们挤到水里，才有一些角马喝起水来。不久，角马群将一头角马挤到了深水处，它恐慌起来，进而引发了角马群的一阵骚乱。然后它们迅速地从河中退出，回到迁移的路上。只有那些勇敢地站在最前面的角马才喝到了水，大部分角马或是由于害怕，或是无法挤出重围，只得继续忍受干渴。每天两次，角马群来到河边，一遍又一遍地重复着这仪式。一天下午，一小群角马站在悬崖上俯视着下面的河水，其实它们向上游走 100 米就是平地，它们从那里很容易到达河边。但是它们宁可站在悬崖上痛苦地叫，却不肯向着目标前进。

生活中的你是否也像角马一样？是什么让你藏在人群之中，忍受着对成功之水的渴望？是对未知的恐惧，害怕潜藏的危险？还是你安于平庸的生活，放弃了追求？大多数人只肯远远地看着别人成功，自己却忍受干渴的煎熬。不要让恐惧阻挡你的前进，不要等待别人推动你前进。只有勇于冒险的人才可能成功。要知道，成就和风险是成正比的。世界上很少有报酬丰厚却不要承担任何责任的便宜事。怕担风险，只会让自己和成功无缘。

苹果电脑公司是闻名世界的企业。大家只知乔布斯是苹果电脑创办人，其实 30 年前，他是与两位朋友一起创业的，其中一名叫惠恩的搭档，人称美国最没眼光的合伙人。

惠恩和乔布斯是街坊，大家都爱玩电脑，两人与另一朋友合作，制造微型电脑出售。这是又赚钱又好玩的生意，三个人十分投入，并且成功制造出“苹果一号”电脑。在筹备过程中，用了很多钱。这三位青年来自中下阶层家庭，根本没有什么资本可言，大家四处借贷，请求朋友帮忙，惠恩只筹得 1/10 的资本。不过，乔布斯没有怨言，仍成立了苹果电脑公司，惠恩也成为小股东，拥有 1/10 的股份。

“苹果一号”以 660 美元出售，原本以为只能卖出一二十台，岂料大受市场欢迎，总共售出 150 台，收入近 10 万美元，扣除成本及债项，赚了 4.8 万美元，惠恩只分得 4800 美元，但当时已是一笔丰厚的回报。不过，惠恩没有收到这笔红利，只是象征性地拿了 500 美元作为工资，甚至连那 1/10 的股份也不要，急于退出苹果电脑公司。

苹果电脑公司后来发展成超级企业，如果惠恩当年就算什么也不做，单单继续持有那 1/10 股权，今时今日，应该有 8 亿 ~ 10 亿美元的身价。事实上，乔布斯的另一位搭档，也是凭股份成为亿万富翁的。

为什么惠恩当年愿意放弃一切？原来他很怕乔布斯，因为对方太有野心了。后来他向媒体说：“为什么我要马上离开苹果公司，要回 500 美元就算了？因为我怕乔布斯太过激进，日后可能会令公司负上巨额债项，那时我也要替公司负上 1/10 的责任！”转念间，惠恩终生与财富绝缘。

其实人世间好多事情，只要敢做，多少会有收获。尤其是在困境中，如果能拿出视死如归的勇气，必能化险为夷，任何困难都将迎刃而解。

勇气是人生的发动机，勇气能创造奇迹，勇气能战胜一切困难。

试想，如果我们事事都能拿出破釜沉舟的勇气和决心，那么世间还有什么困难可言！

与谁在一起，才能拥有不平凡的人生

有这样一个众所周知的寓言故事：

农夫捡到一枚鹰蛋，回家后放到了一个正在孵小鸡的母鸡窝里。结果这枚鹰蛋被母鸡孵化成了一只雏鹰。这只雏鹰自以为也是一只小鸡，每天和小鸡生活在一起，做着与母鸡一样的事情，在垃圾堆里捉虫觅食，与小鸡一起嬉戏，有时也学母鸡一样咯咯地叫。

雏鹰渐渐长大，变成了一只小鹰，可它从来没有飞过几尺高，因为母鸡们只能飞这么高。它完全认为自己就与母鸡一样。

一天，小鹰看见一只大鸟在万里碧空中展翅翱翔，就问母鸡："那种飞得好高的大鸟是什么？"

母鸡回答说："那是一只雄鹰，它是一种非常了不起的鸟。你不过是一只鸡，不能像它那样飞，认命吧。"于是，这只小鹰就接受了这种观点，也不尝试着去飞翔，也从来没想过与母鸡们做不一样的事。

有一天，猎人经过这家农户，看见了这只小鹰。猎人说服农妇，用三只猎获的野兔换走了小鹰。猎人开始训练小鹰飞翔，可是小鹰飞不起来，准确地说，根本不敢飞。猎人没有灰心丧气，他带小鹰爬到一座高山顶上，对小鹰说："鹰呀鹰呀，你本属于蓝天，你是蓝天的主人，你怎么变得像你的食物——小鸡那样弱小呢？向高处看吧，那些在天空中翱翔的雄鹰才是你的同伴。去找它们吧！"

猎人说着，撒手将小鹰抛向悬崖，小鹰呈直线坠落，就在即将落地的那一瞬间，小鹰"呀"地尖叫一声，振翅飞了起来，直冲云霄。

尽快离开你身旁那些不积极、没有目标、不求成功的平庸之辈，和优秀的人在一起，这样，你的潜能就会最大限度地被激发出来，你就会变得更加优秀，最后让优秀成为自己的一种习惯。

贝尔 28 岁时拜访了著名物理学家约瑟夫·亨利，谈论"多路电报"试验，亨利本来对此不感兴趣。但这回他强打起精神，去听贝尔的介绍，突然他敏锐地觉察到，这个年轻人在谈一个极有价值的现象。他热情地鼓励贝尔："如果你觉得自己缺乏电学知识，那就去掌握它。你有发明的天分，好好干吧！"

后来，贝尔写信给父母，描述自己的感受："我简直无法向你们描述这两句话是怎样地鼓舞了我……要知道在当时，对大多数人来说通过电报线传递声音无异于天方夜谭，根本不值得费时间去考虑。"

几年后，贝尔又说："如果当初没有遇上约瑟夫·亨利，我也许发明不了电话。"

和积极的人在一起会让你更积极，和消极的人在一起会让你更消极。心态积极的人，他们会及时激励我们，而不是用消极的话来干扰我们的行动。要知道，当一个人在做一件犹豫不决的事时，需要的是积极的支持。与积极者在一起，我们会学着尝试。即使错了，起码也曾经尝试过，无怨无悔。没有人会百分之百成功，但没有尝试肯定不会成功。

《心灵鸡汤》的作者之一马克·汉森是一位畅销书作家，他的书在全世界已经畅销几千万册。有一次，汉森在与成功学、激励学顶尖高手安东尼·罗宾斯同台讲演结束之后，私下请教罗宾斯，于是有了如下一段对话——

汉森问："我们都在教别人成功，为什么我的年收入才100万美元，而你一年却能赚进1000万美元呢？"

罗宾斯没有直接回答汉森的问题，却反过来问汉森："你每天跟谁混在一起？"

汉森说："我每天都跟百万富翁在一起。"

罗宾斯听后笑了笑说："我每天都跟千万富翁在一起。"

只有和比自己更成功的人在一起，和成功者合作，我们才会更成功。近朱者赤，近墨者黑。物以类聚，人以群分。我们要想像雄鹰一样在空中翱翔，就得学会雄鹰飞翔的本领。如果我们结交有成就者，那我们终将会成为一个有成就的人。

假设有两种环境供你去选择：第一种环境你是最好的，你每月的收入800元，而别人都是200元；第二种环境你是最差的，别人都是百万富翁，你的资产只有20万，你愿意选择哪一种呢？要想成为什么样的人，你要选择跟什么样的人在一起，你要变得积极，你要找比你更积极的人在一起，你要永远寻找比你本身更好的环境。无论你是飞黄腾达，还是穷困潦倒，当你选择与比你优秀的人在一起，当你落败时，他会帮你检讨总结，为你加油助威。

谨慎地选择那些我们愿意花时间交往的朋友，因为他们对我们的思想、人格，以及发生在我们身上的任何事情都会有影响。与生活态度积极的人在一起，与具有远见卓识的人在一起，与成功者在一起，他们的“花香”肯定会熏陶我们，这样我们才会嗅到更多的芬芳。

生命太短暂，我们不能在碌碌无为中渺小地度过一生。与优秀的人在一起，创造不平凡的人生，才是我们明智的选择。

年轻，就是用来折腾的

潘杰客，一个有着传奇跨国经历的成功男人，带给我们无限的启示。

想当初，潘杰客的祖父和父亲都是著名的科学家，而他大学毕业后却在北京一个小小的施工队做预算员。不过 4 年后，他已经是国家建设部最年轻的中层领导。1988 年，近 30 岁的潘杰客来到美国，一切从送外卖住地下室开始，6 年后，被哈佛、剑桥、耶鲁三所大学的管理学院同时录取，1997 年在哈佛完成学业后，前往欧洲，在上千名应聘者中，成为唯一被录用的德国奥迪的高级经理，后来作为奥迪中国大区首席顾问回到中国，成功运作了奥迪 A6 在中国的上市计划。就在这能够让所有人艳羡的时候，他辞去了奥迪终身雇员的职务，加盟凤凰卫视，成为一个财经节目的主持人。而现在，他组建了自己的团队——泛华传播，致力于打造一档“国际的、最知名的、成功人士的、在中国有影响的脱口秀节目”。

上面所说的情况已足以让人刮目相看，其实这还只是他跨国人生的一小部分。用他的自己的话说就是——除了“变化”没有什么是永恒的。

但事实上，潘杰客真正吸引人的地方也许并不在于他的成功，而在于他的“失败”。

潘杰客在他哈佛大学入学论文的开篇写到：“人生舞台上的表演层出不穷、跌宕起伏，它们可以是喜剧、悲剧、哑剧、歌剧、音乐剧、交响乐，不一而足。而我们在生命的不同时期却以不同的角色出现——主角、配角、编剧、导演、灯光师，甚至观众。”

人生如戏，潘杰客为自己编写并导演了一出最跌宕起伏的大剧。

“人是不能低头的，一旦低头，就再也不可能骄傲了。因为一个行动养成一个习惯，低头一次，就会有第二次、第三次……

“很多人问我，在最困难的关头，是什么力量支撑着我不倒下，挺过去，我的答案是‘心灵的骄傲’。在那种关键的时候，我不可能去考虑成功之后的鲜花与欢呼或失败者所将遭遇的冷遇和失落。我所想的是，我这个生命是否值得再为自己做下去？我通常会问自己：你能否超越自己？超越了就是成功——不是事情上的成功，而是心理上的成功。人在那种时刻，暴露出来的都是人性的弱点；我就是要战胜这种弱点。因为我追求的是心灵的纯粹和强大，一种心灵上的超我。

“内心必须有一种渴求，你可以改变自己，还可以通过自己去改变别人，这个社会、这个世界就会因此而改变。要在最广泛的范围去影响他人，把社会向更合理的方向推进，这种合理应该为大多数人带来福利。这是个良好的愿望，为了这个愿望，要去做许多其他的事情，而这正是人生价值的体现，它带给我的满足是物质无法带来的。在心灵痛苦时，常常会想，大千世界的痛苦又是多么的深厚。走这条路的人注定是孤独的，精神和灵魂像吉卜赛人一样在这个世界流浪，如果这就是命运的话，我已做好准备并且毫不畏惧。”——这是一个理想主义者的自白，是一个勇敢者的宣言，是潘杰客不变的信念。这是一种怎样的超越，怎样的智慧？他是一个把目标与成功分得很清的人，成败得失已无关紧要，他追求的只是一个目标、一种执着、一份毅力。对一个人来说，可以没有成功，却不能没有目标。目标有时候很简单，却需要足够的信心与毅力去追求；成功有时候很遥远，却与目标咫尺之隔。

真正的伟大只有一种，就是看清这个世界的本来面目，并且去热爱它。作为一个自然人，潘杰客无疑非常伟大，这种伟大表现在他始终恪守着自己的原则，给高贵的心灵一个美丽的住所，哪怕是遭遇到最大的阻力，也要想办法抵达胜利的彼岸。

内心充满热量，才能释放热量

爱是人生存的根本，也是人的本能。无论是施爱还是被爱的人，他们都是幸福而快乐的，他们的情操也会是坦诚而又高尚的。

一个人内心的热量，便是经由爱产生的。一个内心充满爱的人，会懂得去播撒爱，因为他知道，只有播下种子，才会得到果实。爱是相互的，这个世界正因为有了爱，才会变得温暖美好。

一个在边远山村支教的女教师接受记者采访，当记者问她让她在贫穷的山村坚持下去的动力是什么时，女教师平静地回答道："是我的父亲。"她觉得，正是因为受到父亲身体力行的影响，她才会义无反顾地走上支教这条路。最后，这位女教师饱含深情地讲述了她父亲的故事：

我出生在一个山村，父亲在家乡是一名颇有威望的乡村医生，虽谈不上妙手回春，可在那穷乡僻壤的地方来说，算是很不错的了。在我很小的时候，母亲就去世了，所以，我经常跟着父亲穿街走巷地看望患病的乡里。

那时候，我很崇拜我的父亲，我崇拜的不是父亲精湛的医术，而是他高尚的医德。父亲每每看病，无论对方贫与富、尊与卑，他都会一视同仁，尤其是对那些穷苦人家，父亲每次看完病，绝不提钱的事，而是等对方主动送上门来，有时一等就是好几年，父亲也从没讨要过。如果遇到孤寡老人生病，父亲通常都是免费给他们治疗，而且他觉得这是一件很快乐的事情。

我起初并不理解父亲的做法，感觉他真的很傻，因为我们的家庭本身就不富裕。但慢慢地，我理解了父亲，其实父亲在帮助乡里乡亲的同时，也收获了用金钱无法衡量的东西：尊敬与爱戴。逢年过节，我们家会来好多的客人；田里的活儿会有乡邻帮着做；我童年可以吃

“百家饭”……我知道，这一切都是因为父亲的缘故。

现在，我的父亲已经不在了，但我能时常感觉到父亲在看着我，看着我做的一切，我相信，我现在的选择是令他骄傲的。

女教师讲的这个故事，令许多人为之动容。

爱，可以让一个人的内心无比富足。

某报曾登过一则关于“大学生洪战辉带着捡来的妹妹求学12年”的感人报道，这则报道一经刊出，立即引来社会各界的关注。

洪战辉不是富有的人，相反，他的家境贫寒，他要自己挣学费，还要孝敬父母，还要刻苦读书。他贫穷到没有多余的能力来帮助别人，但是他12年如一日地照顾年幼的妹妹，而这个妹妹竟是捡来的。

洪战辉的事迹对大多数人来说是激励，我们不禁要问：是什么让洪战辉变得这样强大，强大到足以为他人撑起一片天空？答案就是他内心有爱，他内心充满了热量。一个人只有内心充满热量，他才能够释放热量。可有太多的人却止步在“心有余而力不足”的消极心态中。

今天，在一片追求明星梦、财富梦的声浪中，每个人都希望自己活得出色快乐。可快乐从哪里来呢？首先我们要保持一种快乐的心态，其次才是快乐地生活。

现代社会提倡和谐，我们讲和谐，不仅要力求人与人和谐、人与社会和谐、人与自然和谐，还要注重人的内心和谐。人的内心和谐是和谐社会的一个高的境界。热量来源于光，要想让我们的内心充满热量，我们就要有和谐的内心和阳光的心态，也就是营造知足、感恩、达观的心理，树立乐观、向上的人生态度，通

过个人内心和谐来促进家庭和谐、生活和谐和社会和谐。

你的内心如果是一团火，就能释放出光和热；你的内心如果是一块冰，就是融化了也还是零度。要想温暖别人，你内心要有热；要想照亮别人，请先照亮自己；要想照亮自己，首先要照亮自己的内心。送人温暖，在让他人的心暖起来的同时，自己内心也会更加温暖。

一个被温暖充盈着的人，内心也会变得充实。这种充实，往往伴随着一种人生价值和意义的追问，一种精神境界的自觉提升，最终变为一种快乐、幸福的感觉。因而，内心温暖的人，不会排斥物质财富的追求，收入多一点，日子过得好一点，皆是人之常情。但追求并不会到此止步，而是致力于为心灵搭建一座温暖的“大房子”，获得精神上的富足。有的人“穷得只剩下钱”，就在于只追求了身外的“大房子”，心灵却无处归依。“善人通过行善获得幸福”，正在于许多人通过奉献爱心感觉到，为他人送去温暖，自己会更幸福，内心更富足。

第三章

决定你上限的不是能力，而是格局

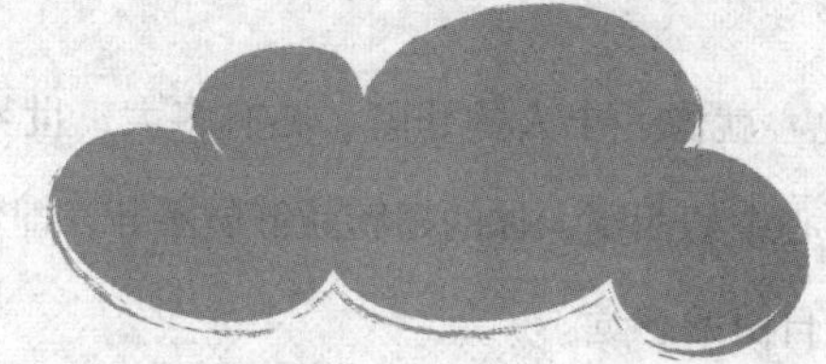

你的世界观，就是你的世界

我们说心就像一个人的翅膀，心有多大，世界就有多大。但如果不能打碎心中的四壁，你的翅膀就舒展不开，即使给你一片大海，你也找不到自由的感觉。

有一条鱼在很小的时候被捕上了岸，渔人看它太小，而且很美丽，便把它当成礼物送给了女儿。小女孩把它放在一个鱼缸里养了起来，每天这条鱼游来游去总会碰到鱼缸的内壁，心里便有一种不愉快的感觉。

后来鱼越长越大，在鱼缸里转身都困难了，女孩便给它换了更大的鱼缸，它又可以游来游去了。可是每次碰到鱼缸的内壁，它畅快的心情便会黯淡下来，它有些讨厌这种原地转圈的生活了，索性静静地悬浮在水中，不游也不动，甚至连食物也不怎么吃了。女孩看它很可怜，便把它放回了大海。

它在海中不停地游着，心中却一直快乐不起来。一天它遇见了另一条鱼，那条鱼问它："你看起来好像闷闷不乐啊！"它叹了口气说："啊，这个鱼缸太大了，我怎么也游不到它的边！"

我们是不是就像那条鱼呢？在鱼缸中待久了，心也变得像鱼缸一样小了，不敢有所突破。即使有一天，到了一个更为广阔的空间，已变得狭小的心反倒无所适从了。

打开自己，需要开放自己的胸怀。

开放，是一种心态、一种个性、一种气度、一种修养；是能正确地对待自己、他人、社会和周围的一切；是对自己的专业和周围的世界都怀有强烈的兴趣，喜欢钻研和探索；是热爱创新，不墨守成规，不故步自封，不固执僵化；是乐于和别人分享快乐，并能抚慰别人的痛苦与哀伤；是谦虚，承认自己的不足，并能乐观地接受他人的意见，而且非常喜欢和别人交流；是乐于承担责任和接受挑战；是具有极强的适应性，乐意接受新的思想和新的经验，能够迅速适应新的环境；是坚强的心胸，敢于面对任何的否定和挫折，不畏惧失败。

不打开自己，一个人就不可能学会新东西，更不可能进步和成长。开放的胸怀，是学习的前提，是沟通的基础，是提升自我的起点。在一个组织里，最成功的人就是拥有开放胸怀的人，他们进步最快、人缘最好，也容易获得成功的机会。

具有开阔胸怀的人，会主动听取别人的意见，改进自己的工作。比尔·盖茨经常对公司的员工说："客户的批评比赚钱更重要。从客户的批评中，我们可以更好地汲取失败的教训，将它转化为成功的动力。"比尔·盖茨本人就是一个心态非常开放的人，他鼓励公司里每个人畅所欲言，当别人和他有不同意见时，他会很虚心地去听。每次公开讲演之后，他都会问同事哪里讲得好，哪里讲得不好，下次应该怎样改进。这就是世界首富的作风，也是他之所以能成为首富的潜质。

开放的心自由自在，可以飞得又高又远；而封闭的心像一池死水，永远没有机会进步。如果你的心过于封闭，不能接纳别人的建议，就等于锁上了一扇门，禁锢了你的心灵。要知道褊狭就像一把利刃，会切断许多机会及沟通的管道。

花草因为有土壤和养分才会茁壮成长、绽放美丽，人的心灵也必须不断接受新思想的洗礼和浇灌，否则智慧就会因为缺乏营养而枯萎死亡。

苛求他人，等于孤立自己

每个人都有可取的一面，也有不足的地方。与人相处，如果总是苛求十全十美，那么永远也交不到真正亲密的朋友。在这一点上，曾国藩早就有了自己的见解，他曾经说过："概天下无无瑕之才，无隙之交。大过改之，微瑕涵之，则可。"意思是说，天下没有一点缺点也没有的人，没有一点缝隙也没有的朋友。有了大的错误，要能够改正，剩下小的缺陷，人们给予包容，就可以了。为此，曾国藩总是能够宽容别人，谅解别人。

当年，曾国藩在长沙读书，有一位同学性情暴躁，对人很不友善。因为曾国藩的书桌是靠近窗户的，他就说："教室里的光线都是从窗户射进来的，你的桌子放在了窗前，把光线挡住了，这让我们怎么读书？"他命令曾国藩把桌子搬开。曾国藩也不与他争辩，搬着书桌就去了角落里。曾国藩喜欢夜读，每每到了深夜，还在用功。那位同学又看不惯了：“这么晚了还不睡觉，打扰别人的休息，别人第二天怎么上课啊？”曾国藩听了，不敢大声朗诵了，只在心里默读。一段时间之后，曾国藩中了举人，那人听了，就说：“他把桌子搬到了角落，也把原本属于我的风水带去了角落，他是沾了我的光才考中举人的。”别人听他这么一说，都为曾国藩鸣不平，觉得那个同学欺人太甚。可是曾国藩毫不在意，还安慰别人说：“他就是那样子的人，就让他说吧，我们不要与他计较。”

凡是成大事者，都有广阔的胸襟。他们在与别人相处的时候，不会计较别人的短处，而是以一颗平常心看待别人的长处，从中看到别人的优点，弥补自己的不足。如果眼睛只能看到别人的短处，那么这个人的眼里就只有不好和缺陷，而看不到别人美好的一面。在生活中，每个人都可能跟别人发生矛盾。如果一味地跟别人计较，就可能浪费自己很多精力。与其把自己的时间浪费在一些鸡毛蒜皮的小事上，不如就放开胸怀，给别人一次机会，也可以让自己有更多的精力去做更多有意义的事情。

我们与别人发生矛盾时，总想着与别人争出高低来，但是往往因为说话的态度不好，使得两个人吵起来，甚至大打出手。其实，牙齿没有不碰到舌头的。很多事情忍耐一下，也就过去了。有些矛盾的产生，别人也不一定就是故意的，我们给予他包容，他可能会主动认识到错误，也给自己减少了很多麻烦。

只要你还能去追，就应该不抱怨地前进

奎尔是一家汽车修理厂的修理工，从进厂的第一天起，他就开始喋喋不休地抱怨，“修理这活太脏了，瞧瞧我身上弄得”，“真累呀，我简直讨厌死这份工作了”……每天，奎尔都是在抱怨和不满的情绪中度过。他认为自己在受煎熬，在像奴隶一样卖苦力。因此，奎尔每时每刻都窥视着师傅的眼神与行动，稍有空隙，他便偷懒耍滑，应付手中的工作。

转眼几年过去了，当时与奎尔一同进厂的三个工友，各自凭着精湛的手艺，或另谋高就，或被公司送进大学进修，独有奎尔，仍旧在抱怨中做他讨厌的修理工。

抱怨的最大受害者是自己。生活中你会遇到许多才华横溢的失业者，当你和这些失业者交流时，你会发现，这些人对原有工作充满了抱怨、不满和谴责。要么就怪环境条件不够好，要么就怪老板有眼无珠、不识才……总之，牢骚一大堆，积怨满天飞。殊不知这就是问题的关键所在——吹毛求疵的恶习使他们丢失了责任感和使命感,只对寻找不利因素兴趣十足,从而使自己发展的道路越走越窄。他们与公司格格不入，变得不再有用，只好被迫离开。如果不相信，你可以立刻去询问你所遇到的任何一个失业者，问他们为什么没能在所从事的行业中继续发展下去，10 个人当中至少有 9 个人会抱怨旧上级或同事的不是，绝少有人能够认识到自己之所以失业的真正原因。

提及抱怨与责任，有位企业领导者一针见血地指出：“抱怨是失败的一个借口，是逃避责任的理由。爱抱怨的人没有胸怀，很难担当大任。”仔细观察任何一个管理健全的机构，你会发现，没有人会因为喋喋不休的抱怨而获得奖励和提升。这是再自然不过的事了。想象一下，船上的水手如果总不停地抱怨：这艘船怎么这么破，船上的环境太差了，食物简直难以下咽，以及有一个多么愚蠢的船长……这时，你认为，这名水手的责任心会有多大？对工作会尽职尽责吗？假如你是船长，你是否敢让他做重要的工作？

如果你受雇于某个公司，就发誓对工作竭尽全力、主动负责吧！只要你依然还是整体中的一员，就不要谴责它，不要伤害它，否则你只会诋毁你的公司，同时也断送了自己的前程。如果你对公司、对工作有满腹的牢骚无从宣泄时，做个选择吧。一是选择离开，到公司的门外去宣泄；二是选择留下。当你选择留在这里的时候，就应该做到在其位谋其政，全身心地投入到工作上来，为更好地完成工作而努力。记住，这是你的责任。

一个人的发展往往会受到很多因素的影响，这些因素有很多是自己无法把握的，如工作不被认同、才能不被发现、职业发展受挫等等。在这一现实面前，任何急躁、抱怨都没有益处，只有坦然地接受现实并战胜眼前的痛苦，才能使自己的事业有进一步发展的可能。

从新的视角拍摄生活的乐趣

一少妇投河自尽，被正在河中划船的船夫救起。船夫问："你年纪轻轻，为何自寻短见？""我结婚才两年，丈夫就抛弃了我，接着孩子又病死了。您说我活着还有什么意思？"船夫听了，想了一会儿，说："两年前，你是怎样过日子的？"少妇说："那时的我自由自在，没有任何烦恼……""那时你有丈夫和孩子吗？""没有。""那么你不过是被命运之船送回到两年前去了。现在你又自由自在，没有任何烦恼了，你还有什么想不开的？请上岸去吧……"

听了船夫的话，少妇仿佛做了一个梦，她揉了揉眼睛，想了想，心中豁然开朗。从此，她没有再寻短见。她从另一个角度看到了希望的曙光。

有位哲人说："我们的痛苦不是问题的本身带来的，而是我们对这些问题的看法而产生的。"这句话很经典，它引导我们学会解脱。解脱的最好方式是面对不同的情况时，用不同的思路从多角度分析问题。因为事物都是多面性的，视角不同，所得的结果就不同。

要解决一切困难是一个美丽的梦想，但任何一个困难都是可以解决的。一个问题就是一个矛盾的存在，而每一个矛盾只要找到了合适的介点，就可以把矛盾的双方统一。这个介点不停地变幻，它总与那些处在痛苦中的人玩游戏。转换看问题的视角，就是不能用同种方式去看所有的问题和问题的所有方面。如果那样，你肯定会钻进死胡同，离介点越来越远，处在混乱的矛盾中不能自拔，就像故事中的那个少妇一样容易产生轻生的念头。

活着是需要睿智的。如果你能换个视角看问题，你就会看到事物美好的一面；换个视角看人生，你就会从容坦然地面对生活。当痛苦向你袭来的时候，不要悲观气馁，要寻找痛苦的原因、教训及战胜痛苦的方法，勇敢地面对多舛的人生。

换个视角看人生，你就不会为战场失败、商场失手、情场失意而颓废，也不会为名利加身、赞誉四起而得意忘形。

换个视角看人生，是一种突破、一种解脱、一种超越、一种高层次的淡泊宁静。换一个视角看待世界，世界无限宽大；换一种立场对待人事，人事无不自在。

人与人，在互惠中成长

运动场上非赢即输的角逐、学习成绩的分布曲线向我们灌输非此即彼的思维方式，于是我们常常通过输赢的“有色眼镜”看人生。倘若不能唤醒内在的知觉，只为了争一口气而奋斗，人一辈子都只会活在狭隘的世界中。从来不去用互惠双赢的思维解决问题，无论是对个人还是对整体，这将是多么大的损失。

人与人，在互惠中寻求共赢。共赢思维是一种基于互敬、寻求互惠的思考框架与心意，目的是获得更多的机会、财富及资源，而非敌对式竞争。

所以，大家好才是真的好，大家赢才是真的赢。人与人相处，应该像离开水的螃蟹，螃蟹在陆地上也可以生存，不过离开水的时间不能太久，所以它们需要不停地吐泡沫来弄湿自己和伙伴。一只螃蟹吐的沫是不大可能把自己完全包裹起来的，但几只螃蟹一起吐泡沫连接起来就形成了一个大的泡沫团，它们也就营造了一个能够容纳自己的富含水分的生存空间，彼此都争取到了生存的机会。

告别“独行侠”时代，你才可以“笑傲江湖”

工作中，有人自视甚高，以为做事“舍我其谁”。他们喜欢单干，如高傲的“独行侠”一般，以自我为中心，极少与同事沟通交流，更不会承认团队对自己的帮助。

有人也许会有疑问：有些天才就是特立独行的，他们也取得了巨大的成就，伟大的成就有时候就是需要别具一格啊！是的，在一些领域里，具有非凡天赋和付出超凡努力的人会取得巨大的成就，比如凡·高和爱因斯坦。但是再有才华的人取得的成就也是以前人的成就为基础的，而且在企业里，这样的人是不可能取得长期成功的，苹果公司的创始人之一史蒂夫·乔布斯正是其中的代表人物。

美国航天工业巨头休斯公司的副总裁艾登·科林斯曾经评价乔布斯说："我们就像小杂货店的店主，一年到头拼命干，才攒那么一点财富。而他几乎在一夜之间就赶上了。"乔布斯 22 岁开始创业，从赤手空拳打天下，到拥有 2 亿多美元的财富，他仅仅用了 4 年时间。不能不说乔布斯是有创业天赋的人。然而乔布斯因为独来独往，拒绝与人团结合作而吃尽了苦头。

他骄傲、粗暴，瞧不起手下的员工，像一个国王高高在上，他手下的员工都躲避他。很多员工都不敢和他同乘一部电梯，因为他们害怕还没有出电梯就已经被乔布斯炒鱿鱼了。

就连他亲自聘请的高级主管——优秀的经理人、百事可乐公司饮料部前总经理斯卡利都公然宣称："苹果公司如果有乔布斯在，我就无法执行任务。"

对于二人势同水火的形势，董事会必须在他们之间决定取舍。当然，他们选择的是善于团结的斯卡利，而乔布斯则被解除了全部的领导权，只保留董事长一职。对于苹果公司而言，乔布斯确实是一个大功臣，是一个才华横溢的人才，如果他能和手下员工们团结一心的话，相信苹果公司是战无不胜的，可是他选择了"独来独往"，不与人合作，这样他就成了公司发展的阻力，他越有才华，对公司的负面影响就越大。所以，即使是乔布斯这样的出类拔萃的开创者，如果没有团队精神，公司也只好忍痛将他从不合适任职的岗位撤离。

事实上，一个人的成功不是真正的成功，团队的成功才是最大的成功。对于每一个职场人士来说，谦虚、自信、诚信、善于沟通、团队精神等一些传统美德是非常重要的。团队精神在一个公司、在一个人事业的发展过程中都是不容忽视的。

松下公司总裁松下幸之助访问美国时，《芝加哥邮报》的一名记者问他："您觉得美国人和日本人哪一个更优秀呢？"这是一个相当尴尬的问题，说美国人优秀，无疑伤害了日本人的民族感情；说日本人优秀，肯定会惹恼美国人；说差不多，又显得搪塞，也显示不出一个著名企业家应有的风度。

这位聪明的企业家说："美国人很优秀，他们强壮、精力充沛、富于幻想，时刻都充满着激情和创造力。如果一个日本人和一个美国人比试的话，日本人是绝对不如美国人的。"美国记者十分高兴："谢谢您的评价。"正当他沾沾自喜的时候，松下幸之助继续说："但是日本人很坚强，他们富有韧性，就好像山上的松柏。日本人十分注重集体的力量，他们可以为团体、为国家牺牲一切。如果 10 个日本人和 10 个美国人比试的话，肯定可以势均力敌，如果 100 个日本人和 100 个美国人比试的话，我相信日本人会略胜一筹。"美国记者听了后目瞪口呆。

"没有完美的个人，只有完美的团队"，这一观点已被越来越多的人所认可。每个人的精力、资源有限，只有在协作的情况下才能达到资源共享。

单打独斗的年代已经一去不复返，只有懂得合作的人才能借别人之力成就自己，并获得双赢。朋友，你想成为真正的笑傲职场的"英雄"吗？那就彻底告别"独行侠"的角色吧。

你可以不认同，但不必排斥

法国的启蒙思想家伏尔泰说：“虽然我不同意你的观点，但我誓死捍卫你说话的权利。”这是西方人对尊重个体与尊重自由的呐喊。而在东方，讲究的是包容，是海纳百川，是泽被万物，是儒家这一主体思想对外来佛教的包容与融合。是接受彼此的差异化，求同存异，是和谐共处，因此这一文化之源流几千年不断绝。

星云大师谈到佛教传到中国时，颇有感慨地说道：“中国和佛教始终是和谐的。佛教文化被悠久的中华文化所接纳，并且继续发扬光大，成为中国的佛教。佛教对得起中国，中国也不负佛教，正是两者之间相互的包容造就了这和谐的一切。”接着，大师又说了一句朴实却振聋发聩的话：“你可以不信，但不必排斥。”这不仅适用于对宗教的信仰，也适用于每个人的为人处世、待人接物。做人需要求同存异。

传说在喜马拉雅山中有一种共命鸟。这种鸟只有一个身子，却有两个头。有一天，其中一个头在吃美果，另一个头则想饮清泉，由于清泉离美果的距离较远，而吃美果的头又不肯退让，于是想喝清水的头十分愤怒，一气之下便说：“好吧，你吃美果却不让我喝清水，那么我就吃有毒的果子。”结果两个头都同归于尽。

还有一条蛇，它的头部和尾部都想走在前面，互相争执不下，于是尾巴说：“头，你总在前面，这样不对，有时候应该让我走在前面。”头回答说：“我总是走在前面，那是按照早有的规定做的，怎能让你走在前面？”两者争执不下，尾巴看到头走在前面，就生了气，卷在树上，不让头往前走，它趁着头放松的机会，立即离开树木走到前面，最后掉进火坑被烧死了。

无论是两头鸟还是那条头尾相争的蛇，因为不知道求同存异的这个道理，最终导致两败俱伤，受到伤害的终究还是自己。如果那只鸟的一个头能够先让另一只喝到水，再过去吃鲜果，那自己也不是没有什么损失吗？只是哪个先哪个后的问题。人有时候实际上和这两只鸟一样，只要不计较个人得失，就不会让自己和别人受难。

这世上的事物千差万别，人与人之间也存在着众多的差异，生活背景、生活方式、个性、价值观等的差异，让我们的相处也存在着或多或少的困难，无所谓希望或者失望、信任或者背叛，我们所能做的只能是相互尊重、相互包容、求同存异、真诚相对，而不必强求一致。

正是因为这种差异性的存在，在客观上便要求我们要做到“求同存异”，即在寻找相互之间相同的地方的同时，也要尊重相互之间客观存在的差异性，从而实现相互之间的合作。因此，要做到“求同存异”，“尊重”是基础，而且还需要有耐心、能包涵、心胸开阔。如果能将这一条与取长补短、开诚布公协调运用，那么，不仅双方能表达得更为舒畅，而且还能从中学到不少的新东西。

我们要逐渐学会求同存异，保留相同的利益要求，与人相处也要照顾别人的利益，在自己的利益与别人的利益之间求中间值，让自己的利益和别人的利益都得到实现。

如果我们不懂得求同存异，那么，我们就很有可能在面临差异与分歧的时候相互争斗，最终使双方都受到巨大的伤害。在生活和工作中，我们也该本着“求同存异”的原则与他人相处。寻找人与人之间的共同点往往是我们打造良好人际关系的开始，也是求同存异的前提条件，并且在共同点的基础之上相互尊重对方的差异性，只有这样才能与对方进行合作，并且最终取得双赢的局面。

真正的教养，是包容与自己不一样的人

《易经》的第二卦坤卦的开头有这样一句话：“地势坤，君子以厚德载物。”这句话被国学大师张岱年先生认为是国学精华的一颗明珠。而今这句话被广为推崇，它的字面意思是：大地是宽广、包容万物的，君子就应当像大地一样，有厚重的道德能容忍他物。张岱年先生是这样解释这句话的：厚德载物是一种宽容的思想，对不同意见持一种宽容的态度，对中国的思想、学术、文化、社会的发展都起了很大的作用，宽容的态度在中国文化里面起了主导作用，是一种健康正确的思想。

的确如张岱年先生所说，五千年的中国历史其实就是一部宽容发展的历史。中华民族能够长盛不衰，中华文明能够历久弥新，就在于我们的民族精神里闪耀着宽容大度的光辉。从汉朝昭君出塞与呼韩邪单于和亲，到文成公主千里入吐蕃与松赞干布成婚，从唐太

宗对俘获的东突厥首领颉利可汗宽容以待，成就万国来朝的盛世气象，到而今我国加强国际贸易，呈现中国和善的国际形象……中华民族的历史无不闪耀着宽容的光芒。宽容大度的态度，一直是流淌在我们民族文化中的一股血液。正是这股血液，成就了中华民族的博大精神，成就了华夏古国的永远年轻。正如张岱年先生所说，中国文化的特点之一就是宽容、博大。

世界发展到今天，一些国家、民族在地球上已经消失。而我们的祖国已经有五千多年的历史了，依然年轻而有活力，就是因为我们的文化是宽容的，我们的民族是宽容的，我们的思想是宽容的。可见，宽容有着多么大的作用，对于国家、民族来说，宽容能使国家强盛、民族强大。对于个人来说，宽容能使一个人得到他人的信服和帮助，宽容能成就一个人伟大的理想。

服装界有名的商人马亮是一个善于容人的经营者，他的成功就和自己善于包容不同个性的人才有很大关系。

马亮刚入服装行业的时候，有一次他拿着样衣经过一家小店，却无缘无故地被店主讥讽嘲笑了一通，说他的衣服只能堆在仓库里，再过 10 年也卖不出去。马亮并未反唇相讥，而是诚恳地请教，店主说得头头是道。马亮大惊之下，愿意高薪聘用这位怪人。没想到这人不仅不接受，还讽刺了马亮一顿。马亮没有放弃，运用各种方法打听，才知道这位店主居然是一位极其有名的服装设计师，只是因为他自诩天才、性情怪僻而与多位上司闹翻，一气之下发誓不再设计服装，改行做了小商人。

马亮弄清原委后，三番五次登门拜访，并且诚心请教。这位设计师仍然是火冒三丈，劈头盖脸地骂他，坚决不肯答应。马亮毫不气馁，常去看望他，经常和他聊天并给予热情的帮助。这位怪人到最后也很不好意思了，终于答应马亮，但是条件非常苛刻，其中包括他一旦不满意可以随意更改设计图案，允许设计师自由自在地上班等。果然，这位设计师虽然常顶撞马亮，让他下不了台，但其创造的效益很巨大，帮助马亮建立了一个庞大的服装帝国。

从这个小故事中，我们可以看出宽容的巨大作用。你待人宽宏，你就能得到别人的感激和回报；如果你待人刻薄，不懂宽大为怀、宽能容人的道理，在生活中你就会孤立无援。这位设计师的脾气不可谓不怪异，甚至有点恃才傲物，但是马亮慧眼识金，懂得他的价值所在，对他的缺点和不足一一宽容，使他帮助自己走上了事业的成功之路。

“地势坤，君子以厚德载物”，大地因为宽广，才容得下山川草木、森林河流。一个君子就应该从大自然的启发中，培养自己宽容的胸襟，牢记“厚德载物”这一国学精华的古训。在现实生活中，用自己的一举一动践行“君子以厚德载物”的人生信条。

格局有多大，就能走多远

“拿得起”不仅仅是在踌躇满志时，“放得下”也绝不仅仅是在遭受挫折时。在人生的每时每刻，我们都应把它们看作一个整体。

一个人在处事中，拿得起是一种勇气，放得下是一种肚量。

在热带丛林里，猎人经常制作一些笼子捕猎猴子，笼子里挂着果实，笼子上开一个小口，刚好够猴子的前爪伸进去，如果猴子抓住坚果就无法将爪子抽出来了。而猴子有一种习性，就是不肯放弃已经到手的东西，所以它们最终成为了猎人的猎物。

猴子被捉的悲剧告诉我们，在生活中必须学会“拿得起、放得下”，学会适时松开手。人生的成败往往蕴含于取舍之间，“放得下”的关键在于你是否能够在人生道路上进行果敢的取舍。

拿得起，实为可贵；放得下，是人生处世之真谛。成大事者不会计较一时的得失。他们都知道放下什么，如何放下。放得下，你就可以轻装前进；放得下，你就可以摆脱烦恼和纠缠，整个身心沉浸在轻松悠闲的宁静中。

放得下会使你赢得别人的信赖；放得下会改变你的形象，使你显得豁达豪爽；放得下还会使你变得更能干，更精明，更有力量。在这个世界上，为什么有的人活得轻松，而有的人活得沉重？前者是拿得起，放得下；而后者是拿得起，却放不下，所以沉重。

放下心中所有难言的负荷，放下失恋的痛楚，放下费尽精力的争吵，放下屈辱留下的仇恨，放下对虚名的争夺，放下对权力的角逐……凡是次要的、枝节的、多余的，该放下的都要放下。只有放得下，才能将该拿起的东西更好地把握住。

由于科场中贿赂盛行，舞弊成风，蒲松龄四次考举人都落第了。最后他放弃了“科考”这条可以使自己走上仕途的道路，而选择了著书立说。他立志要写一部“孤愤之书”。他在压纸的铜尺上镌刻了一副著名的对联，上书：

有志者，事竟成，破釜沉舟，百二秦关终属楚；

苦心人，天不负，卧薪尝胆，三千越甲可吞吴。

蒲松龄以此自敬自勉。后来，他终于写成了《聊斋志异》，流传百世。

蒲松龄虽然科举落第，与仕途无缘，但他找到了成就自己的另一个方向。在这条新开辟的道路上，他取得了成功，也为后人留下了宝贵的精神财富。

人生是一种相依相得的平衡，放不下就得不到，得不到就会很痛苦。拿得起放得下，反映的是一个人生命的品质和品位。这需要一种不断积蓄的能量。唯有拿得起、放得下，才能厚积薄发，举重若轻，处事从容。一个明智的人，拿得起有分量的东西，同样也放得下它，只要是服从自己内心，就可以进行另一选择。

放下的，当然是应该放下的，过去了的，不应有的，强求而难以达到的。放得下，看似消极，实质却是一种积极的心态。对于自己的过去，大可不必耿耿于怀，是好是坏都已过去，生命并非只有一处灿烂辉煌。包容过去，融通未来，创造人生新的春天，人生才更加明媚迷人。

人生并非只有一处辉煌，别处风景也许更加迷人。站在特定的时点，审时度势，做出你的选择，找到你真正的生活目标。因此，你有时须从新的角度看待自己，重新找回自信，你会发现自己有越来越多值得欣赏的地方。

拿得起与放得下是生命中最重要的修养之一，我们只有果断清醒地放下应该放下的，随和且随缘地看待人生旅途中遇到的利害得失、祸福变故，接纳和融合所遇到的一切，才能腾出生命的空间，享有所拥有的一切。

拿得起是可贵，放得下是超脱。鲜花、掌声能等闲视之，挫折、灾难能坦然承受。人生最大的敬佩是拿得起，生命最大的安慰是放得下。当迷雾消散尘埃落定的那一刻，你会发现这一切原本只是自己放不下。烦事人人有，放下自然无。

人生随时都可以改变

这个世界上不会有人一生都毫无转机，穷人可能会腾达为富人，富人也可能沦落为穷人，很多事情都是发生在一瞬间。富有或贫穷，胜利或失败，光荣与耻辱，所有的改变都会在一瞬间发生。

比如，一个人要戒烟，如果他总认为戒烟是一个渐进的、缓慢的过程，要逐渐地戒，那他永远也戒不了烟；他只有在某天突然醒悟，才会痛下决断，马上坚决采取戒烟措施，才有可能戒掉烟。

CNN 的老板特德·特纳，年轻时是一个典型的花花公子，从不安分守己，他的父亲也拿他没办法。他曾两次被布朗大学除名。不久，他的父亲因企业债务问题而自杀，他因此受到了很大的触动。他想到父亲含辛茹苦地为家庭打拼，他却在胡作非为，不仅不能帮助父亲，反而为父亲添了无数麻烦。他决定改变自己的行为，要把父亲留给自己的公司打理好。从此他像变了一个人，成了一个工作狂，而且不断寻找机会，壮大父亲留下的企业，最终将 CNN 从一个小企业变成了世界级的大公司。

其实，人的改变就在一瞬间，只要我们在思想上有了一种强烈的要改变的意识，并下定决心，变化就会出现。一瞬间的改变可以成就一个人的一生，也可以毁灭一个人的一生，所以，我们不能忽视一瞬间的力量。

鲁迅认为中国落后是因为中国人的体格不行，被称作东亚病夫，于是他去日本学习医学。但一次在课间看电影的时候，他看到日本军人挥刀砍杀中国人，而围观的中国人却一脸的麻木，当时其他的日本同学大声地议论："只要看中国人的样子，就可以断定中国必然灭亡。"鲁迅思想上顿时发生了改变，他说："我便觉得医学并非一件紧要事，凡是愚弱的国民，即使体格如何健全，如何茁壮，也只能做毫无意义的示众的材料和看客，病死多少是不必以为不幸的。所以我的第一要著是在改变他们的精神，而善于改变精神的是，我那时以为当然要推文艺，于是想提倡文艺运动了。"从此，鲁迅决定弃医从文，以笔为枪，去唤醒沉睡中的中国，中国也多了一位伟大的思想家和文学家。

禅宗讲求顿悟，认为人的得道在于顿悟，在于一刹那的开悟。

其实人生也是这样，人思想的改变就在一瞬间。当我们顿悟后，我们就能洞察生命的本性，从被奴役的生活走向自由的道路，将蕴藏在内心的仁慈和潜能都充分发挥出来。

一个人想要达到成功的巅峰，也需要顿悟，从你的内心深处升起的那份卓越的渴望，将会在瞬间改变你的一生。

第四章

低潮时积蓄的能量，终有一天让你的人生华丽突围

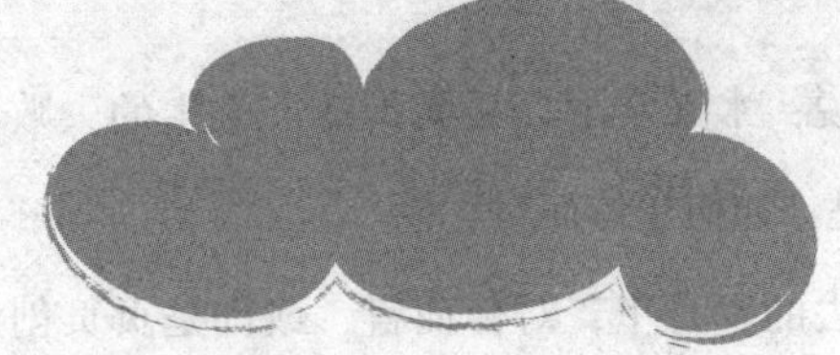

坦然面对挫折，吸取教训

俗话说：水无常形，兵无常势。人生的失败、挫折也是这样，最重要的是你如何坦然面对它们。

在过去的岁月里，对你而言，或许是页页创痛的伤心史，在检阅过去的一切时，你也许会觉得你处处失败，一事无成。你热烈地期待着成功的事业却不能如愿，连你最亲近的亲戚朋友，甚至也要离弃你！你的前途，似乎是十分惨淡和黑暗！但是，虽有上述种种不幸，只要你不甘心永远屈服，胜利就会向你招手。

从古至今，有多少英雄豪杰因一次的挫折而一蹶不振，我们不能因他们的美名而去像他们一样经不起挫折。

人的一生不可能一帆风顺，遇到挫折和困难是难免的，你不可能一直处于顺境，一直处于辉煌，当你人生走到了“山”的顶峰必然会走下坡路，但要如何做到坦然面对、心态放平稳，对于我们才是最重要的。

在20世纪60年代初期，美国化妆品行业的“皇后”玫琳·凯把她一辈子积蓄下来的5000美元作为全部资本，创办了玫琳·凯化妆品公司。

为了支持母亲实现“狂热”的理想，两个儿子也“跳往助之”，辞去了较好的工作，加入到母亲创办的公司中来，宁愿只拿250美元的月薪。玫琳·凯知道，这是背水一战，是在进行一次人生中的大冒险，弄不好，不仅自己一辈子辛辛苦苦的积蓄将血本无归，而且还可能葬送两个儿子的美好前程。

在创建公司后的第一次展销会上，她隆重推出了一系列功效奇特的护肤品，按照原来的计划，这次活动会引起轰动，一举成功。但是，“人算不如天算”，整个展销会下来，她的公司只卖出去15美元的护肤品。

在残酷的事实面前，玫琳·凯不禁失声痛哭，而在哭过之后，她反复地问自己：“玫琳·凯，你究竟错在哪里？”

经过认真的分析，她及时调整了自己的不良心态，坦然地接受了这一切。最后终于悟出了一点：在展销会上，她的公司从来没有主动请别人来订货，也没有向外发订单，而是希望人们自己上门来买东西……难怪在展销会上落到如此的后果。

于是她从第一次失败中站了起来。如今，玫琳·凯化妆品公司发展到现在已经成为一个国际性的公司，拥有一支20万人的推销队伍，年销售额超过3亿美元。

已经步入晚年的玫琳·凯能创造如此奇迹，并不是上天的怜悯，而是她面对挫折时，坦然地接受了这一切，悟出一个好的想法并着手开始自己的行动，最后获得了巨大的成功。

要善于检验你人格的伟大力量，你应该常常扪心自问，在除了自己的生命以外，一切都已丧失了以后，在你的生命中还剩余什么？即在遭受失败以后，你还有多大勇气？如果你在失败之后，从此一蹶不振，放手不干而自甘永久屈服，那么别人就可以断定，你根本算不上什么人物；但如果你能雄心不减、大步向前，不失望、不放弃，那么别人就可以断定，你的人格之高、勇气之大，是可以超过你的损失、灾祸与失败的。

无论你做了多少准备，有一点是不容置疑的：当你进行新的尝试时，你可能犯错误，无论你是作家，还是企业家，或者是运动员，只要不断对自己提出更高的要求，都难免失败。但失败并不重要，重要的是要从中吸取教训。

古人云：前事不忘，后事之师。在克服挫败方面，我们的祖先已经给我们做出了太多的榜样。在社会竞争激烈的今天，挫折无处不在，若一时受挫而放大痛苦，将会终身遗憾。遭遇挫折，就当痛苦是你眼中的一粒尘埃，眨一眨眼，流一滴泪，就足以将它淹没；遭遇挫折就当它是一阵清风，让它在你耳旁轻轻吹过；遭遇挫折，就当它是一阵微不足道的小浪，不要让它在你心中激起惊涛骇浪；遭遇挫折，不要放大痛苦。擦一擦身上的汗，拭一拭眼中的泪，继续前进吧！

没有谁的一生，是一路踩着红毯走过来的

人生不可能有坦途，当我们无法改变外在环境时，要想跨越生命中的障碍，取得某种突破，往往需要一定的魄力。

路如蛛网。

老人端坐蛛网中央。

远远地，一个黑点在网上移动。

渐渐地，近了，近了，老人看清，那是一个魁伟英俊、朝气蓬勃的年轻人。年轻人着一身牛仔服，穿一双登山鞋，背一个旅行包，拄一根铁拐杖，正急急地向老人靠近。

年轻人来到老人面前，深深地鞠了一躬。

“老大爷，我要到山那边去，该走哪条路？”

老人缓缓地抬起右手，伸出三个指头，反问道：“左、中、右三条路，你想走哪一条？”

年轻人踌躇了一会儿，说：“左边。”

“左边的路坎坷不平！”

老人说完，闭上了眼睛。

年轻人二话没说，拄着拐杖，走了。

不知过了多久，年轻人又来到老人面前。

“老大爷，我必须到山那边去，但怎么也走不出那些坎坷，您老人家能告诉我出山的路吗？”

老人又缓缓地抬起右手，伸出三个指头：“左、中、右，你想走哪条路？”

“右边的。”年轻人声音很轻，似乎不好意思。

“右边的路，布满荆棘！”

老人说完，又闭上了眼睛。

年轻人呆呆地望了老人一会儿，拄着拐杖，一步一步地走了。

不知过了多久，年轻人再次来到老人面前。他放下背包，席地而坐，喘了几口粗气，才说：“老大爷，我一定要到山那边去，但走来走去，总是在原地打转，走不出迷惑的荆棘，您老人家能帮帮忙，告诉我出山的路吗？”

老人还是缓缓地抬起右手，伸出三个指头：“左、中、右，你想走哪一条路？”

“我想走一条平坦的路！”年轻人毫不犹豫地回答，脸上掠过一丝笑容。

“平坦的路是没有的啊！”老人说完，眼光却似乎充满了鼓励。

年轻人用沉思的眼光扫了老人一眼，似乎明白了老人的用意，背起背包，拄着拐杖，一步一步，坚定地向前走去。

很多人希望能在平坦的人生之路上高唱心中最美的牧歌，像海子去草原寻找美丽的灰姑娘，像三毛去天堂寻找心爱的荷西。如果没有平坦的路，我们就要做一些冒险和牺牲，就像愚公为了走上坦途，选择了移山。

人生本无坦途，在漫长的道路上，谁都难免遇上厄运和不幸。我们从生活中不仅要品尝失败的痛苦，同时也应该学会享受收获与快乐。只要我们善于总结跌倒的教训，在哪里跌倒在哪里爬起来，告别迷惘的昨天，珍惜美好的今天，微笑着面对明天，充满信心展望更加灿烂的后天。不管是从辉煌成功中走出，还是在失败中奋起，漫漫人生路，踏平坎坷成大道，才是我们不懈的追求。

一家公司的主管，在一次培训课上，用一幅图诠释了一个人生寓意。

他首先在黑板上画了一幅图：在一个圆圈中间站着一个人。接着，他在圆圈的里面加上了一座房子、一辆汽车、一些朋友。

主管说："这是你的舒服区。这个圆圈里面的东西对你至关重要：你的住房、你的家庭、你的朋友，还有你的工作。在这个圆圈里面，人们会觉得自在、安全，远离危险或争端。现在，谁能告诉我，当你跨出这个圈子后，会发生什么？"

教室里顿时鸦雀无声，一位积极的学员打破沉默："会害怕。"

另一位说："会出错。"

这时，主管微笑着说："当你犯错误了，其结果是什么呢？"

最初回答问题的那名学员大声答道："我会从中学到东西。"

主管说："是的，你会从错误中学到东西。当你离开舒服区以后，你学到了你以前不知道的东西，你增加了自己的见识，所以你进步了。"

主管再次转向黑板，在原来那个圈子之外画了个更大的圆圈，还加上些新的东西，包括更多的朋友、一座更大的房子等等。

"如果你总是在自己的舒服区里打转，你就永远无法扩大你的视野，永远无法学到新的东西。只有当你跨出舒服区以后，你才能使自己人生的圆圈变大，你才能把自己塑造成一个更优秀的人。"主管说道。

的确，在这个世界上，没有一成不变的环境与事物，每个人随时随地可能都需要转换生存方式、生存环境、生存角色、生存意识。如果始终拘泥于一种思考方式、一个固定的位置，就会成为井底之蛙，看不到更广阔的空间，得不到更长远的发展。

人类科学史上的巨人爱因斯坦，在报考瑞士联邦工艺学校时，竟因三科不及格落榜，被人嘲笑为"低能儿"。为什么厄运没有摧垮他？因为他眼里始终把坎坷看作人生的轨迹，是人生的一种磨炼。假如没有当时的厄运和无奈，也许就没有他日后绚丽多彩的人生。

世上有许多的事情是难以预料的。成功伴随着失败，失败伴随着成功。面对成功或荣誉，不要狂喜，也不要盛气凌人，把功名利禄看轻些，看淡些；面对挫折或失败，要像爱因斯坦、小泽征尔那样，不要忧伤，更不要自暴自弃，把厄运羞辱看远些，看开些。

漫长的人生道路上，难免会有得意与失落的时候，十年河东十年河西，在困难到来的时候，不需要你拼命地往前去冲，只要你别向后退缩，咬着牙挺过去，把手头的事做好了，幸福也就不远了。

人生本无坦途，太顺利了未必就是一件好事，人的一生，既要享受生活带给你的幸福，也要能承受生活带给你的磨难。生活是一把双刃剑，穷有穷的开心，富也有富的烦恼。重要的是你的心态，心态不好你的快乐就会很少，心态好了快乐就会随时在你身边。

在通向成功的人生道路上布满了荆棘，充满数不清的艰难、困苦、辛酸与煎熬。人世间的风风雨雨，就是这个世界赐予我们的智慧，一个人越是经风雨见世面，他的阅历就越广，阅历越广，大脑开发的程度就越高，大脑的开发程度越高，拥有的智慧就越多。

踏平坎坷是坦途，一个人一生中的坎坷，不是苦难，而是财富。每一个挫折与失败，都是一次痛苦的记忆和教训，但也是灯塔、航标，是未来人生路上的指南针。

无论是面对逆境，还是一直走在坦途上，只有怀着积极心态的人，才能不断地超越自己，才能在未来世界的发展之中立于不败之地。因此，我们每个人都要勇于更新自己的思维方式，转换自己的生存状态，调整自己的前进步伐。

每一个艰苦卓绝的现在，终会有一个掌声雷动的未来

失败和痛苦是上帝与人们的一种沟通方式，好让你知道自己为何失败。

痛苦、失败和挫折是人生必须经历的阶段。受挫一次，对生活的理解便加深一层；失误一次，对人生的领悟便增添一级；磨难一次，对成功的内涵便透彻一遍。从这个意义上说：想获得成功和幸福，想过得快乐和充实，首先就得真正领悟失败、挫折和痛苦。

英国一个保险公司曾经从拍卖市场上买下一艘船，这艘船原来属于荷兰一个船舶公司，它 1894 年下水，在大西洋上曾 138 次遭遇冰山，116 次触礁，13 次失火，207 次被风暴折断桅杆，但是却从来没有沉没过。

根据英国《泰晤士报》报道，截止到 1987 年，已经有 1200 多万人次参观了这艘船，仅参观者的留言就有 170 多本。在留言本上，留得最多的一条就是——在大海上航行没有不带伤的船。

在大海上航行没有不带伤的船，我们在生活中同样不可能会一帆风顺，难免会有伤痛和挫折。失败和挫折其实本来就是人生不可或缺的一部分。失败和痛苦是上帝与人们的一种沟通方式，好让你知道自己为何失败。迈向成功的转折点，通常是由失败或挫折所决定的。

有这么一个人，他的人生简历如下：

22 岁，生意失败；

23 岁，竞选州议员失败；

24 岁，生意再次失败；

25 岁，当选州议员；

26 岁，情人去世；

27 岁，精神崩溃；

29 岁，竞选州长失败；

34 岁，竞选国会议员失败；

37 岁，当选国会议员；

39 岁，国会议员连任失败；

46 岁，竞选参议员失败；

47 岁，竞选副总统失败；

49 岁，竞选参议员再次失败；

51 岁，当选美国总统。

这个人就是亚伯拉罕·林肯，美国历史上最伟大的总统之一，经历了无数次的失败，终于在最后一次获得成功。什么叫成功者？成功者不过是爬起来比倒下去多一次。就这样的一次，便是成功者与失败者的最大区别。

追求成功的过程中一定充满挫折与失败。你不打败它们，它们就会打败你。任何人在到达成功之前，没有不遭遇失败的。每一个成功的故事背后都有无数失败的故事。伟大的发明家爱迪生在经历了一万多次失败后才发明了灯泡，而沙克也是在试用了无数介质之后，才培养出了小儿麻痹疫苗。约翰·克里斯在出版第一本书之前，曾写过 564 本其他书，并遭到了 1000 多次的退稿，但他并没有灰心放弃，终于在第 565 本书获得了成功，成为英国著名的多产作家。

所以，接受失败，正确对待失败，危机就能成为转机，总会有云开雾散的一天。失误其实也是一种特殊的教育、一种宝贵的经验，换个角度去面对它，可能会有意想不到的收获。

一名德国工人在生产书写纸时，不小心弄错了配方，结果生产出一大批不能书写的废纸。他不但被扣工资，还被罚钱，最后遭到解雇。但他并没有灰心丧气，在朋友的提醒下，他想到，这批纸虽然不能作为书写纸来使用，但吸水性极佳，可用来吸干器具上的水。于是，他将这批纸切成小块，取名“吸水纸”，上市后相当抢手。后来，他申请了专利，因此成为大富翁。

在行业圈子里，流传着宝洁公司的这样一个规定：如果员工三个月没有犯错误，就会被视为不合格员工。对此，宝洁公司全球董事长白波先生的解释是：那说明他什么也没干。

人的一生不可能一帆风顺。挫折失败，是人生中必然的过程与代价。只有经过挫折的考验，人才能展翅高飞，走向成熟。

经历最严酷的考验，才看得到最极致的风景

痛苦是一架梯子，对于强者来说，它通向成功的殿堂；对于弱者来说，它则通向黑暗的地狱。

在这个世界上，没有人喜欢痛苦。然而，人生就是痛苦和幸福的综合体，每一个人都摆脱不了痛苦。痛苦是一种折磨，同时又是一

种力量。舒适、悠闲远不如坎坷与磨难更能锻炼人，更能发挥人的长处。痛苦造就人的禀赋，痛苦也磨炼人的禀赋，痛苦更能教人靠耐心和韧劲，从苦难之海中顽强跋涉出来。

在报纸上看到这么一则新闻：美国巴拉马州有一个 12 岁的小男孩，他的名字叫作杰森，在他 10 岁的时候患了脑癌，已经动过三次大手术并进行了数十次电疗。主治医生认为他的病情不容乐观，但是杰森却勇敢面对他的绝症。他喜欢画画，即使在病床上，他也坚持作画，他的作品曾经数次获得全国大奖。为了在生前开第一次也许是最后一次个人画展，他每天都抽出 4 个小时绘画。他说："我一定要坚持活下去。贝多芬不是在耳聋后，仍创作出美妙的《月光曲》吗？"

经过多次化疗后，杰森的视力持续衰退，耳朵开始溃烂，但是他的画展依然如期开幕了。杰森因为手术无法亲临现场，只能请一位同学代念了一封他写的信。他在信中是这么说的："我会好起来的，我相信我一定会好起来的。痛苦虽然很可怕，但我现在已经学会习惯它了。正是痛苦让我知道了人生的宝贵，我将努力珍惜以后的时光。"

勇敢的杰森已开过三次刀，都是直接在脑袋上开刀。他在第三次手术时，主动要求不要麻醉药，因为癌症带来的痛苦远超过开刀的痛苦。

面对坚强的杰森，不由得让人肃然起敬。人，一旦超越了痛苦，痛苦就不再是牵绊，而是一种伟大的力量。

痛苦，是一把成长的钥匙，让你迅速成长；

痛苦，是飞翔的翅膀，让你更接近梦想；

痛苦，是人生的催化剂，让你更有力量；

痛苦，是一扇通往智慧的门，将人带入心灵的殿堂；

痛苦，是一个炼钢的火炉，让你更加刚强；

……

高尔基一生历经坎坷，吃了不少苦，也收获了不少人生阅历，充实的人生经历为他的成就打下了基础。回顾往事的时候，高尔基说道：“一个人如果没有他吃不了的苦，那么就没有他做不成的事情。”人如果能正视苦难，是一种人生的豪迈。善待苦难，苦中作乐，是一种人生的乐趣！

在今天负重起舞，在明天收获礼物

人生的光荣，不仅仅在于舞台上的光鲜与艳丽，也不仅仅在于领奖台上的欢呼与喝彩，它更在于在舞台和领奖台下所经历的苦难和付出的汗水！

“宝剑锋从磨砺出，梅花香自苦寒来。”我们都知道，艰苦的环境会磨炼人的意志，促使人不断进取；安逸舒适的环境容易消磨人的意志，最后导致人一无所成。

人的一生有无数次机遇，也会面临无数次挑战。如果没有一种良好的心态，没有坚韧不拔的斗志，你将难以冲破黎明前的黑暗，只能同成功失之交臂。而把苦难当作人生的光荣，接受命运的挑战就是我们磨炼自己、施展抱负、实现梦想的最佳方法。

向命运低头，那是懦夫；向命运挑战，那才是强者。在生命的长河里，只有迎着风浪搏斗，才能迸出最美的浪花。请记住，命运掌握在自己的手中，你可以让它虚度一生，也可以让它忙碌一生，你可以承认失败但不可以向命运低头。

有一个渔夫，经常在潭边不远的河段里捕鱼，那是一个水流湍急的河段，雪白的浪花翻卷着，一道道的波浪此起彼伏。

一群经常钓鱼的年轻人感到非常奇怪。年轻人同时又觉得他很可笑，在浪大又那么湍急的河段里，连鱼都不能游稳，又怎么会捕到鱼呢?

有一天，有个好奇的年轻人终于忍不住了，他放下钓竿去问渔夫："鱼能在这么湍急的地方留住吗？"渔夫说："当然不能了。"年轻人又问："那你怎么能捕到鱼呢？"渔夫笑笑，什么也没说，只是提起他的鱼篓在岸边一倒，顿时倒出一团银光。那一尾尾鱼不仅肥，而且大，一条条在地上翻跳着。年轻人一看就傻了，这么肥这么大的鱼是他们在深潭里从来没有钓上来的。他们在潭里钓上的，多是些很小的鲫鱼和小鲦鱼，而渔夫竟在河水这么湍急的地方捕到这么大的鱼，年轻人愣住了。

渔夫笑笑说："潭里风平浪静，所以那些经不起大风大浪的小鱼就自由自在地游荡在潭里，对它们来说，潭水里那些微薄的氧气就足够它们呼吸了。而这些大鱼就不行了，它们需要水里有更多的氧气，所以没办法，它们就只有拼命游到有浪花的地方。浪越大，水里的氧气就越多，大鱼也就越多。”

渔夫又得意地说：“许多人都以为风大浪大的地方是不适合鱼生存的，所以他们捕鱼就选择风平浪静的深潭。但他们恰恰想错了，一条没风没浪的小河是不会有大鱼的，而大风大浪恰恰是鱼长大长肥的唯一条件。大风大浪看似是鱼儿们的苦难，恰是这些苦难使鱼儿们茁壮成长。”

同这些鱼的经历一样，每一个成功者的背后，都有无数次的失败，都有难以回首的辛酸和血泪。但是，这些东西换回来的是最后的成功。而那些优柔寡断、意志薄弱者，却总是在抱怨和无奈中心态失衡地活着，在宿命论中寻找自己的安慰。

人的一生大悲大喜，起起落落，有许多偶然，但更有其必然。命运虽然总爱捉弄那些意志薄弱的人，但幸运之神却常常青睐那些勇于进取、意志坚定的强者。意志坚强，做事从不服输者，虽然经常会饱受挫折，但最终却能领略成功的喜悦。

在我们身边也有一些普通的人，他们虽然默默无闻，但却用辛酸的汗水与泪水谱写着自己精彩的一生。

一个女孩叫胡春香，她生下来就无手无脚。8 岁时，有了思想的她就想到了死，但可悲的是，她无法找到死的方法，用头撞墙，因为没有四肢支撑，在碰得几个血泡、摔得一脸模糊后还是活着；绝食，又遭到母亲怒骂：“8 年，我千辛万苦拉扯你 8 年了！”看着母亲辛酸的眼泪，她毅然决定要像正常人一样活下去。

她开始训练拿筷子，她先用一只手臂放在桌边，再用另一只手从桌面上将筷子滑过去，然后，两个肉球合在一起。她从用一根筷子开始，再到用两根筷子，日复一日，血痕复血痕。9 岁那年，她终于吃到了自己用筷子夹起的第一口饭。

学会了拿筷子后，她又开始学走路，她将腿直立于地面，努力保持身体的平衡，和地面接触的部位从伤痕到血泡，从血泡到厚茧，摔倒爬起，爬起摔倒，血水夹汗水，汗水夹泪水。10 那年，她学会了走路。

也就在这年，她有了想读书的念头，在父母及老师的帮助下，她成为村上小学的一名编外生，于是，她用胶布缠在腿上，不论寒暑和风雨，都是早早到校，她用手臂的末端夹笔写字，付出比常人多数十倍的努力从小学到初中，再到自学财务大专。

1988 年，云南的一家工厂破格录用她为会计，后来，她为了回报父母的养育之恩返回父母身边。回家后，她贩卖起了水果，再后来，她不仅成了远近闻名的孝女，而且还“贩回”一个高大健康的丈夫，膝下有一对活泼可爱的儿女，一家人温馨、甜蜜、其乐融融。

我们钦佩那些家境贫寒，但却自强不息的人，更钦佩那些身体残缺，却能通过自己的不懈努力取得成就的人，我们从他们身上看到了他们向命运挑战的坚强意志。人的一生难免会遇到很多的苦难，无论是与生俱来的残缺，还是惨遭生活的不幸，只要敢于面对苦难，自强不息，就一定会赢得掌声，赢得成功，赢得幸福，赢得光荣！

人生有多残酷，你就该有多坚强

以欢乐面对人生，以宽容对待别人，以笑声战胜挫折，以信心面对困难，以欣赏的目光看待每一件事物。

1954 年，当美国著名作家海明威上台接受诺贝尔文学奖时，他却谦虚地说道："得此奖项的人应该是那位美丽的丹麦女作家——凯伦·布里克森。"

海明威所说的这位丹麦女作家，就是获得多项奥斯卡金像奖电影《走出非洲》的女主人公。《走出非洲》这部电影的结尾，打上一行小小的英文字：凯伦·布里克森返回丹麦后成了一位女作家。

凯伦·布里克森（1885 ~ 1962）从非洲返回丹麦后，不但成为一位享誉欧美文坛的女作家，而且在她去世 30 多年后，她和比她早出世 80 年的安徒生并列为丹麦的"文学国宝"。

凯伦·布里克森离开非洲的那一年，可以说是一个什么都没有的女人，有的只是一连串的厄运：她苦心经营了 18 年的咖啡园因长年亏本被拍卖了；她深爱的英国情人因飞机失事而毙命；她的婚姻早已破裂，前夫再婚；最后，连健康也被剥夺了，多年前从丈夫那里感染到的梅毒发作，医生告诉她，病情已经到了药物不能控制的阶段。回到丹麦时，她可以说是身无分文，而且除了少女时代在艺术学院学过画画以外，无一技之长。她只好回到母亲那里，仰赖母亲，她的心情简直陷落到绝望的谷底。

在痛苦与低落的状况下，她鼓足了勇气，开始在童年老家伏案笔耕。一个黑暗的冬天过去了，她的第一本作品终于脱稿，是 7 篇诡异小说。

她的天分并没有立刻受到丹麦文学界的欣赏，她的第一本作品在丹麦饱尝闭门羹。有的人甚至认为，她的故事中所描写的鬼魂，简直是颓废至极。凯伦·布里克森在丹麦找不到出版商，便亲自把作品带到英国去，结果又碰了一鼻子灰。英国出版商很礼貌地回绝她："夫人，我们英国现在有那么多的优秀作家，为何要出版你的作品呢？"凯伦·布里克森颓丧地回到丹麦。她的哥哥蓦然想起，曾经在一次旅途中认识了一位在当时颇有名气的美国女作家，便毅然把妹妹的作品寄给那位美国女作家。事有凑巧，那位女作家的邻居正好是个出版商，出版商读完了凯伦·布里克森的作品后，大为赞赏地说，这么好的作品不出版实在是太可惜了，她愿意为文学冒险。

1943 年，凯伦·布里克森的第一本作品《七个歌特故事》终于在纽约出版，并一鸣惊人，好评如潮。当消息传到丹麦时，丹麦记者才四处打听，这位在美国名噪一时的丹麦作家到底是谁？

凯伦·布里克森在她行将 50 岁那年，从绝望的黑暗深渊，一跃而成为文学天际一颗闪亮的星星。此后，凯伦·布里克森的每一部新作都成为名著，原文都是用英文书写，先在纽约出版，然后再重渡北大西洋回到丹麦，以丹麦文出版。

凯伦·布里克森在成名后说：在命运最低潮的时刻，她和魔鬼做了个交易。她效仿歌德笔下的浮士德，把灵魂交给了魔鬼，作为承诺，让她把一生的经历都变成了故事。

凯伦·布里克森把自己一生的各种经历先经过一番过滤、浓缩，最后把精华部分放进她的故事里。她的故事大都发生在100多年前，因为她认为，唯有这样她才能得到最大的文学创作自由。熟悉凯伦·布里克森的读者，不难在其作品中看到她的影子。

凯伦·布里克森写作初期以Isak Dinesen为笔名，成名后才用回本名。Isak，犹太文是“大笑者”的意思。她之所以采用这个笔名，也许是在暗示世人，以笑声面对残酷的命运。

凯伦·布里克森成为北大西洋两岸文学界的宠儿后，丹麦时下的年轻作家皆拜倒在她的文学裙下，把她当女王般看待。74岁那年，她第一次拜访纽约，纽约文艺界知名人士，包括赛珍珠和阿瑟·米勒皆慕名而来。

凯伦·布里克森为她的文学也付出了很大的代价，梅毒给她带来极大的肉体痛苦，当梅毒侵入她的脊柱时，她常痛得在地上打滚。晚年时，她变得极其消瘦、衰弱，坐立行皆痛苦不堪。

凯伦·布里克森死时77岁，死亡证书上写的死因是：消瘦。正如她晚年所说的一句话：“当我的肉体变得轻如鸿毛时，命运可以把我当作最轻微的东西抛弃掉。”

有的人喜欢以笑声面对困苦，有的人喜欢以埋怨面对不幸。既然笑也要过生活，哭也要过生活，为什么不能让自己过得快乐一点呢？所以，无论遭遇多大的痛苦和不幸，你都要面带微笑，勇敢面对，让自己活得快乐一点，活得精彩一点！

能让你度过黑暗的，只有自己亲手点亮的光芒

在生命的旅途中，我们常常会遇到各种挫折和失败，你不要轻易说自己什么都没有了，其实人生如沙漠，信念就是能带你走出沙漠的生命之舟。

有这么一个人，他从小被一对大学教授夫妇收养，两岁的时候，他突然就奇怪地停止长高了，而且他的健康状况也越来越差。经过专家会诊，他患的是一种罕见的阻碍消化和吸收食物营养的疾病，医生们认为他只能再活 6 个月了。还好，通过静脉注射营养液，勉强使他恢复了体力，但是他的生长发育受到了抑制。

他在医院里住了很长一段时间，一直到 9 岁。他只能在心里计划着去报复那些嘲笑他管他叫“花生豆”的孩子们。

多年以后，他回忆到，在他的潜意识里面，“那一切的经历让我梦想在体育上能取得一些成功”。有时，他的姐姐苏珊会去滑冰场滑冰，他总是跟着一起去。他站在场外，那么虚弱瘦小、发育不良，鼻子里还插了一根直到胃里的鼻饲管，平时那根管子的另一头就用胶带贴在他的耳朵后面。

一天，他看着他的姐姐在冰面上飞驰，突然转身对父母说：“听我说，我想试试滑冰。”两个正在谈话的大人吓了一跳，难以置信地看着病弱的孩子。结果是，他试了，他喜欢上了滑冰，他开始狂热地练习。在滑冰之中他找到了乐趣，他可以胜过别人，而且身高和体重在滑冰场上并不重要。

在第二年的健康检查中，医生吃惊地发现，他竟然又开始长个儿了。虽然对他来说想达到正常的身高已经不可能了，但是他和他的家人已经不在乎了。重要的是，他正在恢复健康，正在获得成功，正在实现自己的梦想。

后来，没有哪个孩子再嘲笑戏弄他了。正好相反，他们全都欢呼着冲上前去请他签名。他刚刚又一次参加了令人赞叹的世界职业滑冰巡回赛，一系列的高难度的冰上动作让观众如痴如狂。

目前他已经退役，不再当职业滑冰选手了，但是他仍旧是冬季运动中受人尊敬的教练、顾问和评论员。虽然他身高只有 1.59 米，体重才 52 公斤，但是他肌肉健美，精力充沛，这就是前奥运滑冰冠军——斯科特·汉弥尔顿，他自信而自强，身高无法限制他的信念和力量。

理想和信念常常会产生不可预料的效果，因为在理想和信念的作用下，人常会超越自身的束缚，释放出最大的能量。

1858 年，瑞典的一个富裕人家生下了一个女儿。然而不久，孩子突然患了一种无法解释的瘫痪症，丧失了走路的能力。一次，她和家人一起乘船旅行。船长的太太给孩子讲船长有一只天堂鸟。船长太太对这只鸟的描述深深地迷住了她，她想亲眼看一看。于是，保姆把她留在甲板上，自己去找船长。她却耐不住，央求服务生立即带她去看天堂鸟。那服务生不知道她不能行走，而只顾带着她一道去看天堂鸟。奇迹发生了：她因为过度的渴望，竟忘我地拉住服务生的手，慢慢地走了起来。从此，她的病痊愈了。

也许是由于有童年时忘我而战胜疾病的经历，长大后，她又忘我地投入到文学创作之中，后来成为第一位荣获诺贝尔文学奖的女性，她就是塞尔玛·拉格洛芙。

信念经常创造奇迹，它可以使很多匪夷所思的事情变成事实。只要我们善于运用内心的信念，它就会成为一股取之不尽的力量源泉。信念是一种无坚不摧的力量，当你坚信自己能成功时，你必能成功。

可以不成功，但一定要成长

生活中很多东西是难以把握的，但是成长是可以把握的。也许我们再努力也成为不了刘翔，但我们仍然能享受奔跑。可能会有人妨碍你的成功，却没人能阻止你的成长。换句话说，这一辈子你可以不成功，但是不能不成长。

人生旅途中，不会是那么一帆风顺、如愿如期，总有一些或多或少的困难与挫折。既然上天给了我们一次锻炼与考验的机会，那我们又何必那么吝啬，畏首畏尾，退避三舍呢？与其在那儿蜷缩手脚、闷闷不乐，倒不如在逆境中顽强拼搏，急流勇退。毕竟是“山重水复疑无路，柳暗花明又一村”，天无绝人之路。当老天为你关闭这扇窗，必定也为你打开了另一扇窗，只是你缺少睿智的眼睛。

一位父亲很为他的孩子苦恼。因为他的儿子已经十五六岁了，可是一点男子气概都没有。于是，父亲去拜访一位禅师，请他训练自己的孩子。

禅师说："你把孩子留在我这边，3个月以后，我一定可以把他训练成真正的男人。不过，这3个月里面，你不可以来看他。"父亲同意了。

3个月后，父亲来接孩子。禅师安排孩子和一个空手道教练进行一场比赛，以展示这3个月的训练成果。

教练一出手，孩子便应声倒地。他站起来继续迎接挑战，但马上又被打倒，他就又站起来……就这样来来回回一共16次。

禅师问父亲："你觉得你孩子的表现够不够男子气概？"

父亲说："我简直羞愧死了！想不到我送他来这里受训3个月，看到的结果是他这么不经打，被人一打就倒。"

禅师说："我很遗憾你只看到表面的胜负。你有没有看到你儿子那种倒下去立刻又站起来的勇气和毅力呢？这才是真正的男子气概啊！"

不断地倒下，再不断地爬起，正是在这种磕磕碰碰中我们成长了。故事中男子汉的气概并不是表现在我们跌倒的次数比别人少，而是在于，每次跌倒后，我们都有爬起来再次面对困难的勇气和不达目的誓不罢休的毅力。

每个人都在成长，这种成长是一个不断发展的动态过程。也许你在某种场合和时期达到了一种平衡，而平衡是短暂的，可能瞬间即逝，不断被打破。成长是无止境的，生活中很多东西是难以把握的，但是成长是可以把握的，这是对自己的承诺。

抑郁症、躁郁症正威胁着现代人，仍有许多人无法坦然面对。

但有谁想得到，曾两度夺得香港电影金像奖最佳导演的尔冬升原来也曾受抑郁症的折磨。不过，他就是从那时开始才学会成长，从而一步步走向成熟，拍出了《旺角黑夜》这样成功的电影。

面对激烈的竞争、种种挑战和痛苦，我们唯一能做的就是迅速充实自己，成长起来，只有这样，才不会被困难和挑战击倒。

在逆境中学会成长，姑且看成是上天对我们“特别”的关怀，对我们的怜悯与施舍，我们也应做出成绩，做出榜样。在逆境中提升人格的力量，磨砺性格的力量，增强信念的力量，最后交织融合，升华自己生命的力量。

逆境不但不会把人打倒与压垮，反而能让人的潜能最大限度地迸发出来，创造出乎预料的奇迹。“文王拘而演《周易》；仲尼厄而作《春秋》；屈原放逐，乃赋《离骚》；左丘失明，厥有《国语》；孙子膑脚，兵法修列；不韦迁蜀，世传《吕览》；韩非囚秦，《说难》《孤愤》；《诗》三百篇，大抵圣贤发愤之所作也。”张海迪、霍金……他们都是在困难挫折面前，顽强奋发，自力更生，最终战胜磨难，实现了个人的价值。是啊，不经历风雨怎能见彩虹，“不经一番寒彻骨，哪得梅花扑鼻香”。逆境在某种程度上能造就我们的成功。

允许自己犯错，学会在逆境中成长，我们的羽翼会更加丰满，便能飞向天涯海角；我们的心胸会更加宽广，便能容纳百川我们的双臂会更加结实与厚重，便能承载千山万水。

但凡让你感到艰难的，都是成就你的良机

一天，狮子来到了天神面前：“我很感谢你赐给我如此雄壮威武的体格、如此强大无比的力气，让我有足够的能力统治整座森林。”

天神听了，微笑着问：“但是这不是你今天来找我的目的吧！看起来你似乎被某事困扰着呢！”

狮子轻轻吼了一声，说：“天神真是了解我啊！我今天来的确是有事相求。因为尽管我是百兽之王，但是每天天亮的时候，我总是会被鸡叫声给吵醒。神啊！祈求您，不要让鸡在天亮时叫了！”

天神摊了摊手，无奈地说道：“你去找大象吧，它会给你一个满意的答复的。”

狮子跑到湖边找到大象，看到大象正在气呼呼地直跺脚。

狮子问大象：“你干吗发这么大的脾气？”

大象拼命摇晃着大耳朵，吼着：“有只讨厌的小蚊子，钻进我的耳朵里，我都快痒死了。”

狮子离开了大象，心里暗自想着：“原来体形这么巨大的大象，还会怕那么瘦小的蚊子，那我还有什么好抱怨的呢？毕竟鸡叫也不过一天一次，而蚊子却是无时无刻地骚扰着大象。这样想来，我可比他幸运多了。”

狮子一边回头看着暴躁的大象，一边想：“谁都会遇上麻烦事，但只要看看别人，这点麻烦就算不上什么了。以后只要鸡一叫，我就当作是鸡在提醒我该起床了，对我还有好处呢。天神要我来看看大象

的情况，应该就是想告诉我：只要想开了，困境就不再是困境，而是机遇了。”

一个障碍，就是一个新的已知条件，只要愿意，任何一个障碍，都会成为一个超越自我的契机。所以，困境有时候反而是一个机遇。

生活中，只要碰上一些不顺心的事，就会习惯性地抱怨上天亏待我们，希望老天赐给我们更多的力量和幸运，帮助我们渡过难关。但实际上，老天是最公平的，就像它对狮子和大象一样，每个困境都有其存在的正面价值。

有一个十岁的小男孩儿，在一次车祸中失去了左臂，但是他很想学柔道。

最终，小男孩拜柔道大师做了师父，开始学习柔道。他学得不错，可是练了三个月，柔道大师只教了他一招，小男孩有点弄不懂了。他终于忍不住问师父：“我是不是应该再学学其他招数？”柔道大师回答说：“不错，你的确只会一招，但你只需要会这一招就够了。”小男孩并不是很明白，但他很相信师父，于是就继续照着练了下去。

几个月后师父第一次带小男孩去参加比赛。小男孩自己都没有想到居然轻轻松松地赢了前两轮。第三轮稍稍有点艰难，但对手还是很快就变得有些急躁，连连进攻，小男孩敏捷地施展出自己的那一招，又赢了。就这样，小男孩顺利地进入了决赛。

决赛的对手比小男孩高大、强壮许多，也似乎更有经验。一度小男孩显得有点招架不住，裁判担心小男孩会受伤，就叫了暂停，还打算就此终止比赛，然而柔道大师不答应，坚持说：“继续下去！”

比赛重新开始后，对手放松了戒备，小男孩立刻使出他的那一招，制服了对手由此赢了比赛，得了冠军。回家的路上，小男孩和柔道大师一起回顾每场比赛的每一个细节，小男孩鼓起勇气道出了心里的疑问：“师父，我怎么就凭一招就赢得了冠军？”

柔道大师答道：“有两个原因：第一，你几乎完全掌握了柔道中最难的一招；第二，就我所知，对付这一招唯一的办法是对手抓住你的左臂。”

所以，小男孩最大的劣势变成了他最大的优势。世界上无所谓绝对的缺陷和困境，只要懂得扬长避短就能海阔天空。这才是真正的取胜之道，也是智者的选择。

没有绝对的好事，也没有绝对的坏事

没有绝对的好事，也没有绝对的坏事，生活的意义就是不断地品味，不断地琢磨。

从前，有一个很会治理国家的国王，他有一个非常聪明的丞相，每当国家有什么重要大事的时候，他都会谦虚地向丞相请教，但无论国王问什么事情，这个丞相总爱说“好”。这令国王非常生气，他要找个理由治治丞相的这个毛病。

有一次，国王在打猎的时候，不小心被猎刀斩断了一截拇指，他连忙问丞相：“我的拇指被斩断了一截，好不好？”丞相不假思索地回答：“好！国王陛下。”这个回答使国王满腔怒火，他以落井下石为罪名将丞相关了起来，并问丞相："现在你被关在牢房里了，好不好？"丞相毫不犹豫地回答："好！"国王说："既然你觉得好，便在牢房里多住几天吧！"

过了两天，国王又想外出打猎了，他不想释放这个倔强的丞相，只好一个人单独出发了。没有熟悉地形的丞相做伴，国王很快迷了路，并且掉进了一个捕捉动物的陷阱里。

这个陷阱是当地的一个食人族部落挖的。当天晚上，食人族的几名大汉把赤身裸体的国王绑在了一个十字架上，然后将周围堆满了木材，准备吃烤人肉。一名巫师引导着众人举行了祭礼，他把清水喷到国王身上，逐步检查他身体的各个部位。当他检查到国王的手指时，这个巫师开始摇头叹息。检查完毕，巫师向酋长报告说："我们族人只吃完整的动物，这个人断了一根指头，是个不祥之物，我们不能吃他。"酋长不得已，只好放了国王。

国王白白捡回了一条命，非常激动，回去后第一件要做的事情就是到监牢里看望丞相。他流着泪说："现在我明白了你为什么说我的断指是件好事，它救回了我一条命，我错怪了你。"稍后，国王又心有不甘地问丞相，"我把你关在牢里十多天，好不好呢？"

丞相回答："好，很好！"

"为什么呢？"国王问。

"我尊敬的陛下，如果您不抓我进监牢，我一定会随您去打猎，我们会一起被食人族抓走，您可以因为断指而保全性命，但我必死无疑，因为我很完整呀！"

国王听后，顿觉茅塞顿开：每件事都有它的两面性，好和坏是随时可以转换的呀。

天下没有绝对的好事，也没有绝对的坏事，任何事情的好与坏总是相对的。富足优越的生活更容易让人丧失上进心，而一贫如洗的日子更能激发人们去奋斗，所以，对于一件事，我们很难分辨究竟孰好孰坏。当一个人面对所谓的坏事时，只要你认真去发掘其中的好处，就能化险为夷，化危机为转机。

第五章

并非梦想遥不可及，是你从未脚踏实地

脚踏实地，才能仰望星空

世界上没有不劳而获的事情，成功无一不是脚踏实地努力的结果。所以，与其总是将精力放在叫嚣上，不如脚踏实地，从最基本的做起。

1864 年 9 月 3 日，斯德哥尔摩市郊突然爆发出一声震耳欲聋的巨响，滚滚浓烟，火焰霎时冲上天空。当惊恐的人们赶到现场时，只见原来屹立在这里的一座工厂只剩下残垣断壁，火场旁边，站着一位 30 多岁的年轻人，突如其来的惨祸，使他面无血色，浑身不住地颤抖着……

青年眼睁睁地看着自己所创建的硝化甘油炸药实验工厂化为了灰烬。人们从瓦砾中找出了 5 具尸体，4 人是他的亲密助手，而另一个是他在大学读书的小弟弟。5 具烧得焦烂的尸体，令人惨不忍睹。青年的母亲得知小儿子惨死的噩耗，悲痛欲绝。年迈的父亲因受刺激而引发脑溢血，从此半身瘫痪。

事后，警察局立即封锁了爆炸现场，并严禁青年重建自己的工厂。人们像躲避瘟神一样避开他，再也没有人愿意出租土地让他进行如此危险的实验。但是，困境并没有使青年退缩，几天以后，人们发现在远离市区的马拉仑湖上出现了一艘巨大的平底驳船，驳船上并没有装什么货物，而是装满了各种设备，青年正全神贯注地进行实验。

他就是后来闻名于世的诺贝尔。一次又一次的失败之后，他终于发明了雷管。雷管的发明是爆炸学上的一项重大突破，随着当时许多欧洲国家工业化进程的加快，开矿山、修铁路、凿隧道、挖运河等都需要炸药。于是，人们又开始亲近诺贝尔。他把实验室从船上搬迁到斯德哥尔摩附近的温尔维特，正式建立了第一座硝化甘油工厂。接着，他又在德国的汉堡等地建立了炸药公司。一时间，诺贝尔的炸药成了抢手货。

做事低调踏实的人懂得成功需要辛勤的汗水来浇灌的道理，所以他们会用自己的勤奋去实现自己的目标。同样的人物还有俄国化学家门捷列夫。

很长一段时期，门捷列夫全身心地投入到化学元素的有关排列问题的研究中。一次，在紧张工作了三天三夜之后，他由于过度疲劳睡着了，竟在梦中见到了一张他日思夜想的元素周期表，通过这个梦，他成功地解决了困扰多时的元素排列问题。

后来，有记者采访他，要他讲述他是如何通过做梦而获得成功的。记者的提问，引起他的不满，他说："什么？你认为我的发现只是梦中几个小时的成果吗？你知道之前我付出了多少个日夜、多少心血进行研究吗？"

门捷列夫对待工作的态度说明，成功不是偶然得来的，如果没有艰苦的努力，不管有怎样美妙的梦想、怎样美好的构思，都难以获得成功。

只有努力工作才是获得成功的捷径。看准了的事情，如果不论在什么情况下都能脚踏实地一步一个脚印地去实干，就有可能取得成功。

只有脚踏实地努力去做，才能够把事情做好。如果不愿意做最基础的事情，一心只想着一步登天，那样的人，是无法获得成功的。

如果你想成就一番伟业，在确立你远大的目标之后，静下心来，认认真真、脚踏实地开始你的行程吧！在通往成功的路上，我们不要梦想一步登天，如果基础不扎实，我们的成功就是海市蜃楼。

别人越泼你冷水，越要让自己热气腾腾

当我们遭到冷遇时，不必沮丧，不必愤恨，唯有尽全力赢得成功，才是最好的反击。

有时候，白眼、冷遇、嘲讽会让弱者低头走开，但对强者而言，这也是另一种幸运和动力。所以美国人常开玩笑说，正是因为负面的刺激，才造就了杜鲁门总统。

在高中毕业班时，查理·罗斯是最受老师喜爱的学生之一。他的英文老师布朗小姐，年轻漂亮，富有吸引力，是校园里最受学生欢迎的老师之一。同学们都知道查理深得布朗小姐的青睐，他们在背后笑他说，查理将来若不成为一个人物，布朗小姐是不会原谅他的。

在毕业典礼上，当查理走上台去领取毕业证书时，受人爱戴的布朗小姐站起身来，当众吻了一下查理，给他出人意料的祝贺。当时，

本以为会发生哄笑、骚动，结果却是一片静默和沮丧。

许多毕业生，尤其是男孩子们，对布朗小姐这样不怕难为情地公开表示自己的偏爱感到愤恨。不错，查理作为学生代表在毕业典礼上致告别词，也曾担任过学生年刊的主编，还曾是“老师的宝贝”，但这就足以使他获得如此之高的荣耀吗？典礼过后，有几个男生包围了布朗小姐，为首的一个质问她为什么如此明显地冷落别的学生。

“查理是靠自己的努力赢得了我特别的赏识，如果你们有出色的表现，我也会吻你们的。”布朗小姐微笑着说。男孩们得到了些安慰，查理却感到了更大的压力。他已经引起了别人的嫉妒，并成为少数学生攻击的目标，他决心毕业后一定要用自己的行动证明自己值得布朗小姐报之一吻。毕业之后的几年内，他异常勤奋，先进入了报界，后来终于大有作为，被杜鲁门总统任命为白宫负责出版事务的首席秘书。

当然，查理被挑选担任这一职务也并非偶然。原来，在毕业典礼后带领男生包围布朗小姐，并告诉她自己感到受冷落的那个男孩子正是杜鲁门本人。

查理就职后的第一件事，就是接通布朗小姐的电话，向她转述美国总统的问话：“您还记得我未曾获得的那个吻吗？我现在所做的能够得到您的赏识吗？”

当有人刺激了我们的自尊心，伤害到我们时，与其强烈地批驳别人，不如思考自己什么地方还需要完善。

你自以为的极限，其实只是别人的起点

拥有潜能，你要保护自己的潜能，再充分发挥潜能，才会有成功的机会。

在生活中，很多人都拥有优于其他人的潜能，但是，这些人却不会保护自己的潜能，导致许多人终其一生都没将潜能发挥出来，平庸度日。

要想成功，一个人必须注意不要让别人拿走你的潜能。

在遥远的国度里，住着一窝奇特的蚂蚁，它们有预知风雨的能力。而最近蚂蚁们清楚地知道，有巨大的暴风雨正逐渐逼近，整窝蚂蚁全部动员，往高处搬家。

这窝蚂蚁之所以奇特，不在于它们预知气候的能力，许多其他动物也具备这样的天赋。它们的特别之处是整窝蚂蚁都只有五只脚，并不像一般蚂蚁长有六只脚。

由于它们只有五只脚，行动也就没有一般蚂蚁快捷，整个搬家的行动缓慢。虽然面对暴风雨来袭的沉重压力，每只蚂蚁心中都焦急不堪，行动却半点也快不了。

在漫长的搬家队伍中，有一只蚂蚁与众不同，它的行动快速，不停地往返高地与蚁窝之间，来回一趟又一趟，仿佛不知劳累，辛苦地尽力抢搬蚁窝中的东西。

这只勤快的蚂蚁引起了五脚蚂蚁群的注意，它们仔细观察它的动作，终于找出这只蚂蚁动作如此敏捷的关键，它有六只脚！

五脚蚂蚁的搬家队伍暂停下来，它们聚在一起，窃窃私语，讨论这只与它们长得不同，行动却快过它们数倍的六脚蚂蚁。

经过冗长的讨论后，五脚蚂蚁们终于达成共识。它们扑上前去，抓住那只六脚蚂蚁，一阵撕咬过后，将它那多出来的一只脚扯了下来。

行动迅速的那只蚂蚁被扯去一只脚，也变成了平凡的五脚蚂蚁，在搬家的行列中，迟缓地跟随大家移动。

五脚蚂蚁们很高兴它们能除去一个异类，增加一个同伴，这时，雷声已在不远处隆隆地响起。

常常在我们接触到一个新的机会、有了一个好的创意，或是工作取得进步时，五脚蚂蚁群便会适时出现。它们会告诉你，你得到的机会是陷阱、你的好创意是行不通的，或是提醒你，工作勤奋不一定会有好的报偿。无所不用其极的目的，是想扯去你突然间多出来的一只脚。

尤其是当你正确地运用出你的潜能时，周围类似五脚蚂蚁般的消极意识更会增加，各式各样不可能的思想蜂拥而至，企图要你放弃他们所不懂的潜能，让你成为平庸的人。

在这个时候，你一定要很好地把握自己，用你自己的独立思想，来保护自己多出来的那只“脚”。坚持你自己的想法，珍惜自己得到的机会，发挥自己独特的创意，更加勤奋地工作，加倍地发挥你自己最大的潜能。这样你才能在未来获得成功。

心中有光，生命才会向阳

任何时候都不要坐在那里等待，从现在起就开始行动，在行动中激发自己的潜能，说不定你就能创造奇迹！

生活中的你是否还在为命运不济而哀叹呢？如果是，那还是赶紧收起这些怨天尤人的论调吧！行动起来，在行动中激发自己的潜能，说不定你就能创造奇迹。

在美国颇负盛名、人称传奇教练的伍登，在全美 12 年的篮球年赛当中，帮助加州大学洛杉矶分校赢得 10 次全美总冠军。如此辉煌的成绩，使伍登成为大家公认的有史以来最成功的篮球教练之一。

曾经有记者问他："伍登教练，请问你如何保持这种积极的心态？"

伍登很愉快地回答："每天我在睡觉以前，都会提起精神告诉自己：我今天的表现非常好，而且明天的表现会更好。"

"就只有这么简短的一句话吗？"记者有些不敢相信。

伍登坚定地回答："简短的一句话？这句话我可是坚持了 20 年！重点和简短与否没关系，关键是在于你有没有持续去做，如果无法持之以恒，就算是长篇大论也没有帮助。"

伍登的积极心态超乎常人，不单只是对篮球的执着，对于其他的生活细节也是保持这种精神。例如有一次他与朋友开车到市中心，面对拥挤的车流，朋友感到不满，继而频频抱怨，但伍登却欣喜地说：

“这里真是个热闹的城市。”

朋友好奇地问：“为什么你的想法总是异于常人？”

伍登回答说：“一点都不奇怪，我是用心里所想的事情来看待，不管是悲是喜，我的生活中永远都充满机会，这些机会的出现不会因为我的悲或喜而改变，只要不断地让自己保持积极的心态，一刻也不停地去行动，我就可以把握机会，激发更多的潜在力量。”

其实每个人都有伍登那样的潜力，但是大部分人都不能像伍登那样，时刻保持积极的心态去努力。如果每个人都能像伍登一样，那他也一定会是一个有才华的人，并且在行动中不断进步，创造奇迹的可能就会时刻存在。

百忍成钢，修炼自己

当你不愿让命运来主宰你的一切，但又没有反击命运的能力时，切记，应学会忍耐！

美国第三任总统杰弗逊在给子孙的告诫中有一条是：“当你气恼时，先数到10后再说话；假如怒火中烧，那就数到100。”

生活中，在遇到一些不顺心和不如意的事情时，我们的情绪往往会被超常激发起来，陷入激动、委屈、不安等精神状态中。此时最容易被情绪操纵，不顾理智做出鲁莽之事。“忍一时风平浪静，退一步海阔天空”，在这个时候，务必要记住“忍耐”二字。强制自己把心情平静下来，认真选择利最大、弊最小的做法，以求达到在当时可能取得的最好结果。

每个人从出生就面临来自方方面面的竞争和挫折。一个人的成功不仅需要不断提高自己的能力，而且需要经受自己在前进道路上的成功与失败的各种考验，需要具备良好的心理素质。由于我们每个人自身的缺点，由于社会还存在着一些阴暗面，还存在着一些人不那么光明正大，因此失败在所难免，有时甚至还不得不忍受“飞来横祸”。在这种情况下，有时需要进行必要的斗争，但是，更多的时候需要的是忍耐。在自己遭到失败的时候，当然希望周围的人同情自己、帮助自己，但是更为重要的是，忍耐住失败的痛苦，学会自己擦净自己伤口的鲜血，并走出痛苦，走向新的生活。要忍耐，以争取自己超越困难，同时，要灵活一些，争取更好的环境，努力奋斗，走向辉煌。

作为命运的主宰者——人，我们应该学会忍耐，因为它常会让我们有意想不到的收获。人在现实中生活，犹如驾一叶扁舟在大海中航行，巨浪和旋涡就潜伏在你的周围，可能会随时袭击你，因此，你要当个好舵手，同时还得具有克服艰难的毅力和勇气，设法绕过旋涡，乘风破浪前进。换言之，忍耐也是面对磨难的一种手法，以不变应万变；忍耐更是一种力量，它能磨钝利刃的锋芒。但忍耐不是软弱，不是退却，也不是背叛，而是以退为进的策略，是求同存异，是寻找合作。

当你不愿让命运来主宰你的一切，但又没有反击命运的能力时，切记，应学会忍耐！

儒家与道家都强调忍耐的重要，只有忍到最后一刻才会发生意想不到的变化，才有希望看到转机。或许你仍在向往一帆风顺，可是却在面对曲折的人生。其实所谓的一帆风顺只是对自己心灵的一种安慰而已，坚信唯有奋斗不息才能成为命运的主人。而在这一步步的努力中，你必须学会忍耐！

忍耐是沉默，功亏一篑是因为不懂得忍耐的真正含义，而坚韧不拔地追求并排除万难有所超越才是忍耐的外延。

实际上，忍耐是一种酝酿胜利的高超手段。忍耐实际上是一种动态的平衡，是一种形式的转换，不要被利益所陶醉，也不要因没有利益而悲伤。忍耐可以帮助我们摆脱烦恼，获得人生的真谛。

非洲的一位总统问一位友人有什么好经验，这位友人就说了一句话："忍耐。"忍耐不是目的是策略，是胜敌的关键所在，但一般人做不到。"小不忍则乱大谋"这句话很正确。《三国演义》中诸葛亮三气周瑜，愣是活活把周瑜气死了。如果周瑜学会忍耐，哪会有这样的结果呢！

平白无故的是非给我们带来身心伤害。类似的事件大家也许经历过，也可能以后的日子会遇到。在这种时候，大家应泰然处之，将忍耐进行到底，终有一天所有的错误都将改正。平和的心态不只是给我们自己带来了宁静，也给予他人更多！

百忍成钢，人生就像一个磨刀的过程，忍耐好比磨刀石。当心性修炼得清澈如镜，达到这种不以物喜，不以己悲的境界时，那就是我们历经千锤百炼的刀已炼成。

对手不是敌人，而是朋友

善待你的对手，尽显品格的力量和生存的智慧。

一旦谈到双赢，人们一向以为这种情况只会发生在自己与合作伙伴之间，而与对手，“不是你死，就是我亡”，这才是最终的结局。

真的是这样吗？显然，答案是否定的。其实我们和对手也可以走进双赢的境地。

所以，我们需要合作伙伴，而不要排斥对手。

对手，是失利者的良师。有竞争，就免不了有输赢。其实，高下无定式，输赢有轮回。曾经败在冠军手下的人，最有希望成为下一场赛事的冠军。只因败者有赢者作师，取人之长，补己之短，为日后取胜奠基。更有一些智者，一番相争之后，便能知己知彼，比得赢就比，比不赢就转，你种苹果夺冠，我种地瓜也可以领先。

对手，是同剧组的搭档。人生在世能够互成对手，也是一种缘分，仿佛同一个分数中的分子、分母。如此说，结局往往只有赢多赢少之别，并无绝对胜败之分。角色有主有次，登台有先有后，掌声有多有少，但彼此相依，缺了谁戏也演不成。同在一个领导班子中也如此，携手共进，共创佳绩，方可交相辉映。

孟子说：“入则无法家拂士，出则无敌国外患者，国恒亡。”奥地利作家卡夫卡说：“真正的对手会灌输给你大量的勇气。”善待你的对手，方尽显品格的力量和生存的智慧。

在秘鲁的国家级森林公园，生活着一只年轻的美洲虎。由于美洲虎是一种濒临灭绝的珍稀动物，全世界现在仅存 17 只，所以为了很好地保护这只珍稀的老虎，秘鲁人在公园中专门辟出了一块近 20 平方公里的森林作为虎园，还精心设计和建盖了豪华的虎房，好让美洲虎自由自在的生活。

虎园里森林茂密，百草丛生，沟壑纵横，流水潺潺，并有成群人工饲养的牛、羊、鹿、兔供老虎尽情享用。凡是到过虎园参观的游人都说，如此美妙的环境，真是美洲虎生活的天堂。

然而，让人们感到奇怪的是，从没有人看见美洲虎去捕捉那些专门为它预备的“活食”，从没有人见它王者之气十足地纵横于雄山大川，啸傲于莽莽丛林，甚至未见它像模像样地吼上几嗓子。

人们常看到它整天待在装有空调的虎房里，或打盹儿，或耷拉着脑袋，睡了吃吃了睡，无精打采。有人说它大约是太孤独了，若是找个伴儿，或许会好些。

于是政府又通过外交途径，从哥伦比亚租来了一只母虎与它做伴，但结果还是老样子。

一天，一位动物行为学家到森林公园来参观，见到美洲虎那副懒洋洋的样儿，便对管理员说，老虎是森林之王，在它所生活的环境中，不能只放上一群整天只知道吃草，不知道猎杀的动物。

这么大的一片虎园，即使不放进去几只狼，至少也应该放上两只猎狗，否则，美洲虎无论如何也提不起精神。

管理员们听从了动物行为学家的意见，不久便从别的动物园引进了两只美洲狮投进了虎园。这一招果然奏效，自从两只美洲狮进虎园的那天起，这只美洲虎就再也躺不住了。

它每天不是站在高高的山顶愤怒地咆哮，就是有如飓风般冲下山冈，或者在丛林的边缘地带警觉地巡视和游荡。老虎那种刚烈威猛、霸气十足的本性被重新唤醒。它又成了一只真正的老虎，成了这片广阔的虎园里真正意义上的森林之王。

一种动物如果没有对手，就会变得死气沉沉。同样的，一个人如果没有对手，那他就会甘于平庸，养成惰性，最终导致庸碌无为。

一个群体如果没有对手，就会因为相互的依赖和潜移默化而丧失灵活，丧失生机。

一个行业如果没有对手，就会因为丧失进取的意志、安于现状而逐步走向衰亡。

许多人都把对手视为是心腹大患，是异己，是眼中钉，是肉中刺，恨不得马上除之而后快。其实只要反过来仔细一想，便会发现拥有一个强劲的对手，反而倒是一种福分、一种造化。

因为一个强劲的对手，会让你时刻有种危机四伏感，它会激发起你更加旺盛的精神和斗志。

有时候，表面上看来，我们从对手身上得到的学习机会没有那么直接、明显，然而，仅仅是承受他带给我们的压力，就已是很宝贵的机会，可以对我们的成长起到很大的助益。不要随便把对手视为敌人或仇人，只有这样，我们才可以冷静地观察对方，客观地审视自己；也唯有这样，才能在与对手交手的过程中学到东西。

然而，很多人无法这样看待对手。由于对手和敌人往往只有一线之隔，甚至是一体两面，因而对手也很容易被视为仇人。很多人会带着各种情绪来看待对手，经常会这样想：敌人和仇人当然是不好的，哪有向他们学习的道理?

不少人在碰到对手的时候，首先是不屑一顾(觉得对手的实力不过如此)，接下来是愤怒(发现这样的人竟然有很多人喜欢，还威胁甚至超越自己)，最后则是不允许别人在面前说对手的只言片语。

其实，越是敌人和仇人，可学的东西才越多。对方要消灭你，一定是倾巢而动、精锐尽出。对方使出浑身解数的时候，也就是传授你最多招数的时候（敌人为了激怒你、伤害你而使出的一些手段，就是任何其他老师所不能教你的）。所以，如果你有个很强的对手，你应该从心底欢喜。就像每天要照照镜子一样，你每天都要仔细盯紧这个对手，好好欣赏他，好好向他学习。而最好的学习，永远来自于你和他交手、被他击中的那一刻。

一个人有了对手，才会有危机感，才会有竞争力。有了对手，你便不得不奋发图强，不得不革故鼎新，不得不锐意进取，否则，就只有等着被吞并、被替代、被淘汰。

善待你的对手吧！有时候，将我们送上领奖台的，不是我们的朋友，而恰恰是我们的对手。

远离虚荣才能接近对手

对手是你的“敌人”，但从另一个方面来说，对手也是对你的成功帮助最大的人。你只有抛弃虚荣心理，才能跟你的对手走到一起。

商场上有句俗话这样说："同行是冤家。"不错，你的同行的确就是你的竞争对手。在抢占市场时，你们的确是冤家。但是，不可否认的是，如果没有竞争对手，只有个人垄断，那将会导致不思发展的后果。有时候，要想使自己变得更强更好，就必须要善待自己的对手。

那你要怎样接近自己的对手呢？这就要求你抛弃虚荣心理，主动和对方接触，你才能接近对手，并了解对手，学习对手，最终达到双赢的效果。

有个名叫西拉斯的人，在一个小镇上开了一家杂货铺。这铺子是他爸爸传下来的，他爸爸又是从他爷爷手里接过来的。他爷爷开这铺子的时候南北两边正在打仗。

西拉斯买卖公道，信誉很好。他的铺子对镇上的人来说就像手足，不可缺少。西拉斯的儿子在长大，小铺子就要有新接班人了。

可是有一天，一个外乡人笑嘻嘻地来拜访西拉斯，情况便变得严重了！此人说，他想买下这铺子，请西拉斯自己作价。

西拉斯怎么舍得？即便出双倍价格他也不能卖！这铺子可不仅仅是铺子，这是事业，是遗产，是信誉！

外乡人耸耸肩，笑嘻嘻地说："抱歉，我已选定街对面那幢空房子，粉刷一番，弄得富丽堂皇，再进些上好货品，卖得更便宜，那时你就没生意了！"

西拉斯眼见对面空房贴出了翻新布告，一些木匠在里面锯呀刨呀，有一些漆匠爬上爬下，他的心都碎了！他无可奈何却又不无骄傲地在自家店门上贴了张告白："敝号系老店，95 年前开张。"

对面也换了一张告白："敝号系新店，下礼拜开张。"

人们对比着读了，无不心中暗笑。

新店开业前一天，西拉斯坐在他那间阴暗的店堂里想心事，他真想把对手臭骂一顿，幸亏西拉斯有个好妻子。

"西拉斯，"她用低低的声音缓缓地说，"你巴不得把对面那房子放火烧了，是不是？"

"是巴不得！"西拉斯简直在咬牙切齿，"烧了有什么不好？"

"烧也没用，人家有保险。再说，这样想也缺德。"

"那你说我该怎么想？"西拉斯冒着火。

"你该去祝愿。"

"祝愿天火来烧？"

"你总说自己是个厚道人，西拉斯，你一碰到切身事就糊涂。你该怎么做不是很清楚吗？你应该祝愿新店开业成功。"

"你是脑筋出问题了吧，贝蒂。"

说是这么说，西拉斯最后决定去一次。

第二天早晨新店还没开门，全镇人已等在外边。大家看着正门上方赫然写着"新新百货店"几个金字，都想进去一睹为快。

西拉斯也在人群中，他快快活活跨到台阶上大声说："外乡老弟，恭喜开业，谢谢你给全镇人带来方便！"

他刚说完便吃了一惊，因为全镇人都围上来朝他欢呼，还把他举起来。大家跟他进店参观。谁都关心标价，谁都觉得很公道。那外乡老板笑嘻嘻地牵着西拉斯的手，两个生意人像老朋友。

后来，两家生意都做得兴隆，因为小镇一年年变大了。

这个故事给我们一个很好的启示：

一个能容忍对手发展的人，不但是一个胸襟宽广的人，还是一个具有远见的人。让竞争对手时刻在背后激励自己、鞭策自己，使自己不能有片刻懈怠，努力向前发展，实现双赢目的，实在是再好不过。

放下自私和虚荣，主动接受对方。“尺有所短，寸有所长”，只要你诚心结交，对方也会坦诚相待，你就会从对手身上学到长处，从而更有利于自己的发展。

跟高手对弈，才能成为高手

对手有时也是一种激励因素。因竞争的压力而不断寻求进步，最终走上成功的道路，成功的你有什么理由不感谢对手呢？

我们在生活中经常会遇到竞争对手，但我们应该如何去对待我们的对手呢？许多人都视对手为眼中钉、肉中刺，欲除之而后快。其实这种想法是非常错误的，如果我们没有对手，也许我们就会走向极端，走向灭亡。

在日本北海道有一种鳗鱼，它被捕捞上来以后很容易死掉。但有一个办法能够使它活得更久，就是在鳗鱼中放进它的对手——狗鱼。鳗鱼因为有了对手狗鱼而被激活，因而活的时间更长。

其实我们无论何时都应该感激对手，只有对手才让我们有危机感，我们才会不断地进取，以获取最大的成功。没有对手我们就不会有进步，没有对手我们就不会有今天的成就，没有对手我们就不会走向成功的道路。

别为压力抓狂，别为未来迷茫

不在压力中奋起，便在压力中灭亡。要想在人生的道路上走得更远，你必须选择前者。

毕业之后面临着就业压力，就业之后面临着工作压力，其他还有诸如生活压力、竞争压力、恋爱压力等等，如果你没有在压力面前奋起的勇气，那你只能在重重压力中陷入虚无。

众所周知，张学友是香港著名歌星，是“四大天王”之一，很多人痴迷他的歌，喜欢他的电影，羡慕他的辉煌，可有几个人知道他艰辛的奋斗历程呢？不要自卑，也不要害怕挫折，这是他的成功秘诀。

他的第一份工作是在政府贸易处当助理文员，工作十分乏味。不肯安于现状的性格使他不久跳槽到了一家航空公司，但工资比第一份还少。当时他也没有想过有一天会成为明星，踏入娱乐圈是偶然的，成功也来得太快，这使得他沉溺在成功带来的满足感和优越感之中，只知道尽情玩乐，逐渐变得放纵、狂傲、骄横，得罪了许多人。结果他的唱片销量直线下降，第一张、第二张唱片都可以卖20万张，第三张只卖了10万，接着是8万、2万。他走在街上，原来是“学友”“学友”的欢呼，现在成了粗言秽语；站在舞台上，原来是鲜花热吻，现在是阵阵嘘声。起初张学友接受不了这残酷的事实，没有去分析原因，而是去一味逃避：酗酒、骂人、闹事。家人朋友不断地劝慰他，但他一概不听，而且他还想过自杀！

沮丧的日子持续了两三年，后来他开始自省，意欲东山再起，这是他骨子里不肯服输、敢于一拼的性格所决定的。如果天生懦弱，自杀恐怕是他最终的抉择。他很了解娱乐圈“一沉百人踩”的事实，知道要东山再起所面对的艰辛，但他决意一拼！他后来总结经验说：“当你决定要面对挫折和困难时，原来并不是没有出路的！”他努力唱出自己的风格，努力拍戏，努力去研究失败的原因，努力学习处世方法，努力应对各种刁难和挫折……全力以赴，付出了不为圈外人所知的艰辛，辉煌逐渐又回到了他的身边。

他说，没有人可以避免压力和挫折，重要的是要有豁达、乐观、坚毅、忍耐的性格，要搞清楚自己的位置和方向，才能走过失败，重新振作。他说自己希望做一只蜗牛，蜗牛永远不会理会别人的催促，无视外来的压力，只是依着自己的步伐和所选择的方向，勇往直前，这必能成功。

压力和挫折时刻都会存在，有人说，人没有了压力生活就会没有了方向，就像没有了风，帆船不会前进一样。但你一定不能在压力中不思进取，否则你将被压力淹没。

在压力中奋起，你才会有成功的可能。

不留退路，但留活路

给自己一个悬崖，你才能有被逼到绝境时的感受，才能迸发出你生命的潜能，从而一扫过去的慵懒，走向成功。

人总是生活在安逸的环境中，能力就会渐渐消退，心智就会渐渐老去，潜力生锈，沦为平庸。因此，一个人若想从中脱颖而出，必须时时给自己一些压力，让自己去接受挑战，才能不断突破自我，发挥潜能，走向卓越。

一个故事能很好地向我们阐释这个道理：

有一个老人到山里砍柴时，捡到一只很小的怪鸟，那怪鸟和出生刚满月的小鸡一样大小，也许是因为它实在太小了，还不会飞，老人就把这只怪鸟带回家给他的孙子玩耍。

老人的孙子很调皮，他将怪鸟放在小鸡群里，充当母鸡的孩子，让母鸡养育着。母鸡没有发现这个异类，全权负起一个母亲的责任。怪鸟一天天长大，羽毛一天天丰满，后来人们发现那只怪鸟竟是一只鹰，人们一致强烈要求，要么放生，要么杀生，让它永远也别回来。

老人因为和鹰相处的时间长了，有了感情，不忍心伤害它。所以，老人决定让它重返大自然。他们就把鹰带到了较远的地方放生，可过了几天那只鹰又飞回来了，他们驱赶它，不让它进家门，甚至将它打得遍体鳞伤。但许多办法都试过了，还是对它起不了任何作用。最后他们也明白了，原来鹰是眷恋它从小长大的家园，还有那个温暖舒适的窝。

后来，那老人就把它带到了附近最陡峭的悬崖壁旁，然后将它狠狠地往深涧扔去，只见那鹰像石头般往下坠，然而快到涧底的时候，它终于展开双翅托住了身体，开始滑翔，拍打着翅膀，飞向蔚蓝的天空，渐渐地变成了黑点，飞出了人们的视线，永远地飞走了，再也没有回来。

人何尝不是如此呢？一个人要想让自己的人生有所转机，就必须懂得关键时刻把自己带到人生的悬崖，给自己一个悬崖，就是给自己一片蔚蓝的天空啊！

人在面对压力时会激发出巨大的潜能，因此，你不必因恐惧逆境和挫折而去当温室里的花朵。温室里的花朵固然可以安全舒适地生活，但人生不可能一帆风顺，一旦逆境来临，首先被摧毁的就是失去意志力和行动能力的温室花朵，经常接受磨炼的人才能创造出崭新的天地，这就是所谓的“置之死地而后生”。

第六章

曾经面对的嘲笑，都会成为你日后调侃的骄傲

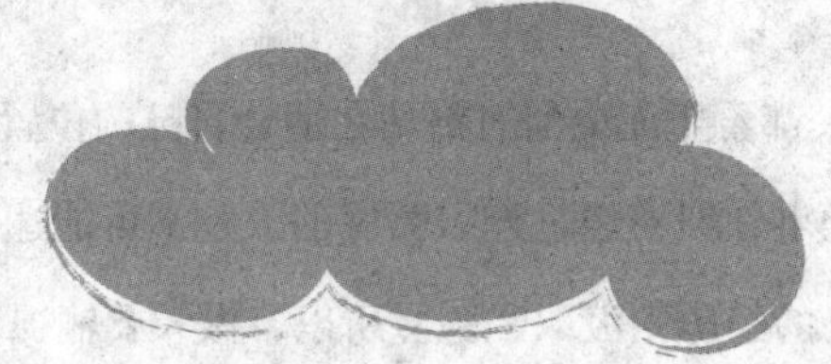

失败，只不过是暂时输了一场比赛

每个人都希望无论何时都站在适合自己的位置，说着该说的话，做着该做的事。但不经过挫折磨炼的人是不可能达到这种境界的，人总要从自己的经历中汲取经验。所以，做人要输得起。

输不起，是人生最大的失败。

人生犹如战场。我们都知道，战场上的胜利不在于一城一池的得失，而在于谁是最后的胜利者，人生也是如此，成功的人不应只着眼于一两次成败，而是应该不断地朝着成功的目标迈进。当然，一两次的失败确实可能使你血本无归，甚至负债累累。

最要紧的是不应该泄气，而是应该从中吸取教训，用美国股票大亨贺希哈的话讲："不要问我能赢多少，而是问我能输得起多少。"只有输得起的人，才能不怕失败。

当然，我们不一定非要真正经历一次重大的失败，只要我们做好了认识失败的准备，"体验失败"一样能够带来刻骨铭心的教训，而那失败的起点比那些从来没有过失败经历的人要高得多，并且失败越惨痛，起点则越高。

只有惨烈地死过一回的人，才能获得更好的更为成功的新生。

贺希哈 17 岁的时候，开始自己创业，他第一次赚大钱，也是第一次得到教训。那时候，他一共只有 255 美元。在股票的场外市场做一名投资客，不到一年，他便发了第一次财：16.8 万美元。他为自己买了第一套像样的衣服，在长岛买了一幢房子。

随着第一次世界大战的结束，贺希哈以随着和平而来的大减价，顽固地买下隆雷卡瓦那钢铁公司。结果呢？他说："他们把我剥光了，只留下 4000 美元给我。"贺希哈最喜欢说这种话，"我犯了很多错，一个人如果说不会犯错，他就是在说谎。但是，我如果不犯错，也就没有办法学乖。"这一次，他学到了教训，"除非你了解内情，否则，绝对不要买大减价的东西。"

1942 年，他放弃证券的场外交易，去到未列入证券交易所买卖的股票生意。起先，他和别人合资经营，一年之后，他开设了自己的贺希哈证券公司。到了 1928 年，贺希哈做了股票投资客的经纪人，每个月可赚到 25 万美元的利润。

但是，比他这种赚钱的本事更值得称道的，就是他能够悬崖勒马，遇到不对劲的情况，能悄悄回顾从前的教训。在 1929 年灿烂的春天，正当他想付 50 万美元在纽约的证券交易所买股票，不知道什么原因，把他从悬崖边缘拉回来。贺希哈回忆这件事情时说："当你知道医生和牙医都停止看病而去做股票投机生意的时候，一切都完了。我能看得出来。大户买进公共事业的股票，又把它们抬高。我害怕了，我在八月全部抛出。"他脱手以后，净得 40 万美元。

1936 年是贺希哈最冒险、也是最赚钱的一年。安大略北方，早在人们淘金发财的那个年代，就成立了一家普莱史顿金矿开采公司。这家公司在一次大火灾中焚毁了全部设备，造成了资金短缺，股票跌到不值5美分。有一个叫陶格拉斯的地质学家，知道贺希哈是个思维敏捷的人，就把这件事告诉了他。贺希哈听了以后，拿出25000美元做试采计划。不到几个月，黄金掘到了，仅离原来的矿坑25英尺。

普莱史顿股票开始往上爬的时候，海湾街上的大户以为这种股票一定会跌下来，所以纷纷抛出。贺希哈却不断买进，等到他买进普莱史顿大部分股票的时候，这种股票的价格已超过了两马克。

这座金矿，每年毛利达250万美元。贺希哈在他的股票继续上升的时候，把普莱史顿的股票大量卖出，自己留了50万股，这50万股等于他一个钱都没花，白捡来的。

这位手摸到东西便会变成黄金的人，也有他的麻烦。1945年，贺希哈的菲律宾金矿赔了300万美元，这也使他尝到了另一个教训："你到别的国家去闯事业，一定要把一切情况弄清楚。"

20世纪40年代后期，他对铀发生了兴趣，结果证明了这比他从前的任何一项事业更吸引他。他研究加拿大寒武纪以前的岩石情况、铀裂变痕迹，也懂得测量放射作用的盖氏计算器。1949年至1954年，他在加拿大巴斯卡湖地区，买下了470平方英里蕴藏铀的土地。成为第一家私人资金开采铀矿的公司，不久，他聘请朱宾负责他的矿务技术顾问公司。

这是一个许多人探测过的地区。勘探矿藏的人和地质学家都到这块充满猎物的土地上开采过。大家都注意着盖氏计算器的结果，他们认为只有很少的铀。

朱宾对于这种理论都同意。但是，他注意到了一些看来是无关紧要的"细节"。有一天，他把一块旧的艾戈码矿苗加以试验，看看有没有铀元素。结果，发现稀少得几乎没有。这样，他知道自己已经找到了原因。原来就是，土地表面的雨水、雪和硫矿把盆地中放射出来的东西不是掩盖住就是冲洗殆尽了。而且，盖氏计算器也曾测量出，这块地底下确实藏有大量的铀。他向十几家矿业公司游说，劝他们做一次钻探。但是，大家都认为这是徒劳的。朱宾就去找贺希哈。

1953年3月6日开始钻探。贺希哈投资了3万美元。结果，在5月间一个星期六的早晨，得到报告说，56块矿样品里，有50块含有铀。

一个人怎样才会成功，这是很难分析的。但是，在贺希哈身上，我们可以分析出一点因素，那就是他自己定的一个简单公式：输得起才赢得起，输得起才是真英雄！

此生辽阔，不必就此束手就擒

衡量力量与勇气不能只看胜利和奖章，更重要的标准是我们克服的困难。真正的强者不一定是取得胜利的人，但一定是面对失败绝不放弃的人。

安德鲁·杰克逊的儿时伙伴们都无法理解他为什么会成为名将，最终还能当上美国总统。他们认识的人当中，许多人比杰克逊更有才能，却一事无成。杰克逊的一位朋友曾说：“吉姆·布朗和杰克逊住在一条街上，他不仅比杰克逊聪明，而且摔跤比赛四场能赢杰克逊三场。凭什么杰克逊混得这么好？”

别人问：“为什么会有第四场比赛？一般不是三局两胜吗？”

“的确，比赛应该是结束了，但是安德鲁不肯。他从来不肯承认自己输了，一定要赢回来才算完。最后吉姆·布朗没了力气，第四场安德鲁就赢了。”

当你被摔倒在地，你会不会爬起来再战，直到取得胜利？安德鲁拒绝接受失败，正是这不屈不挠的精神造就了他日后的辉煌。

1882 年，26 岁的考拉尔来到斯特林镇，在一所学校做老师。考拉尔酷爱读书，但他发现，偌大的斯特林镇居然没有一家像样的、专门的书店，书只有在百货商店才能偶尔零星地见到。考拉尔灵机一动，自己为什么不开一家书店呢？这样，既满足了自己读书的需求，赚了钱还可以补贴家用，何乐而不为？

考拉尔把自己的想法跟新婚妻子说了，妻子也非常赞成。于是没多久，考拉尔的名为“思想者”的书店就在斯特林镇开张了。

可是，书店的生意并没有考拉尔想象得那么好。连续几个月，书店几乎没人进来。考拉尔安慰自己，毕竟书店刚开张，生意不好也是正常的，贵在坚持，几个月不行就坚持半年，半年不行就坚持一年，甚至两年，生意总有做起来的时候。即使亏了，反正自己还要买书看，就当是自己藏书了。

抱着这种想法，考拉尔坚持了下来。

可生意还是不景气，书店经常是入不敷出。好在考拉尔和妻子都有一份工作，他们把大部分收入补贴到了书店里。很多人劝他们关门大吉。但这时，考拉尔的思想发生了巨大的转变，从原来单纯的经营，转变为呼吁和彰扬文明而经营。他说："书店是一个城市文明的象征，是人们寻求知识的重要地方，不管书店生意如何，我都要永远开下去！"

考拉尔言出如山，一年又一年，他居然真的坚持了下来，即使在战争时期，在政局动荡时期，"思想者"依然坚持每天开门迎客。

1948 年，考拉尔在他的书店里去世，享年 92 岁。考拉尔的孙子继承了他的书店。考拉尔临终前留下遗言："无论如何，都要把'思想者'开下去。"考拉尔的孙子遵从了祖父的话。好在那时斯特林镇改镇为市，人口越来越多，城镇面积越来越大，书店的生意也还可以养家糊口。

"思想者"的辉煌出现在 2004 年。这一年斯特林市参加全球 50 个文明城市的竞选，在激烈的竞争中，斯特林市渐落下风。这时，有人向市长提到了"思想者"，市长眼睛顿时一亮。当他把"百年老书店"的旗号打出去后，斯特林市果然过关斩将，不但入选，而且名次进入前十。

一时间，考拉尔和他的"思想者"名扬四海。来自世界各地的书友、游客以及信函纷至沓来。这时的"思想者"，不但是家大型书店，而且成为一个著名的旅游景点，来这里的人都要买几本盖着"思想者"销售戳的书回去。"思想者"的年销售额已达几百万美元，为考拉尔家族带来了滚滚财富，这还不包括那些一百多年前的全新的库存书，那已经成为收藏家追捧的宝藏。

2006 年，考拉尔的曾曾孙接手了"思想者"，他对书店一百多年的经营做了详尽的调查统计。他发现，在考拉尔经营的 66 年间，赚钱的年份为 9 年，持平的年份为 17 年，其余的 40 年都在亏损。

考拉尔的曾曾孙动情地说：“面对这样的经营，不知道有几个人能够坚持。我无法想象我的曾祖是如何度过那段岁月的，就像他绝对没想到今天他的书店会发财。事实上，他只是在一个思想贫瘠的时代为文明而苦苦坚守！”

世上的事情都是如此，只要方向对了，不管其间的经历有多么艰难和不顺，你都要坚持下去。往往，再多一点努力和坚持便可以收获到意想不到的成功。所以无论何时，我们都应该信心百倍地去全力争取人生的幸福和成功，坚持到底，绝不轻易放弃。

心存希望，总会有奇迹

人生可以失去很多东西，却绝不能失去希望。只要心存希望，总有奇迹发生，希望虽然渺茫，但它永存人间。

美国作家欧·亨利在他的小说《最后一片叶子》里讲了个故事：病房里，一个生命垂危的病人从房间里看见窗外的一棵树，在秋风中树叶一片片地掉落下来。病人望着眼前的萧萧落叶，身体也随之每况愈下，一天不如一天。她说：“当树叶全部掉光时，我也就要死了。”一位老画家得知后，用彩笔画了一片叶脉青翠的树叶挂在树枝上。最后一片叶子始终没掉下来。

只因为生命中的这片绿，病人竟奇迹般地活了下来。

人生可以失去很多东西，却绝不能失去希望。只要心存希望，总有奇迹发生，希望虽然渺茫，但它永存人间。

所以，当你遇到困境的时候，你一定要相信你自己，给自己希望，这样才能柳暗花明，走出困境。

有两个盲人靠说书弹弦谋生，老者是师傅，幼者是徒弟。徒弟整天唉声叹气，也无法学好手艺。因为眼盲，他甚至常常失去生活的勇气。一天，师傅病了，在临终前，他对徒弟说："我这里有一张复明的药方，我将它封进你的琴槽中，当你弹断 1000 根琴弦的时候，你才能取出药方。记住，你弹断每一根弦时必须是尽心尽力的。否则，再灵的药方也会失去效用。"徒弟牢记师傅的遗嘱，他一直为实现复明的梦想而弹弦不止。

50 年过去了，徒弟已皓发银须，一声脆响，徒弟终于弹断了第 1000 根琴弦，他直向城中的药铺赶去。当他满怀期望地等着取回草药时，掌柜的告诉他，那是一张白纸。他明白了师傅的用意，他学到了手艺，这就是药方，有了手艺他就有了生存的勇气。他努力地说书弹弦，成了名艺人，受人尊敬。直到 95 岁高龄时，他才抱着三弦含笑告别人世。

前途比现实重要，希望比现在重要。任何时候，都不应该放弃希望，因为它是创造成功、创造未来的"点金石"。

人生不能没有希望，所以无论我们身陷怎样的逆境，我们都不应该绝望。失望时萌生希望，能驱散心中的浓雾，拥抱一片湛蓝的晴空。让我们带着希望生活，活出一个最好的自己。

只要把希望种在心里，即使一粒最普通的种子，也能长出奇迹！

培植出白色的金盏花非常困难，让专家都望而却步，而一位不懂遗传学的老人却取得了成功。这是为什么呢？且往下看完这个故事。

当年，美国一家报纸曾刊登了一则园艺所重金悬赏征求纯白金盏花的启事，一时引起轰动。高额的奖金让许多人趋之若鹜。但是，在千姿百态的自然界中，金盏花除了金色的就是棕色的，要培植出白色的，不是一件容易的事。所以许多人一阵热血沸腾之后，就把那则启事抛到了九霄云外。

时间一晃就是 20 年。20 年后很平常的一天，当年那家曾刊登启事的园艺所意外地收到了一封热情的应征信和 100 粒“纯白金盏花”的种子。当天，这件事就不胫而走，引起轩然大波。原来寄种子的是一位年已古稀的老人。对信中言之凿凿能开出纯白金盏花的种子，园艺所一直举棋不定，该不该验证一时成了争论的焦点。有人说，绝不应该辜负了一位老人的心意。那些种子终于得以落土生根。奇迹是在一年之后才出现的，一大片纯白色的金盏花在微风中摇曳生韵。

一直默默无闻的老人因此成了新的焦点。原来，老人是一个地地道道的爱花人。20 年前，她偶然看到那则启事，怦然心动。她的决定却遭到她 8 个儿女的一致反对。毕竟，一个压根儿就不懂种子遗传学的人是很难完成专家都不能完成的事，她的想法岂不是痴人说梦！但她痴心不改，义无反顾地干了下去。她撒下了一些最普通的种子，精心侍弄。一年之后，金盏花开了。她从那些金色的、棕色的花中挑选了一朵颜色最淡的，任其自然枯萎，以取得最好的种子。次年，她又把它们种下去。然后，再从许多花中挑选出颜色更淡的花的种子栽种……日复一日，年复一年，春种秋收，周而复始，老人的丈夫去世了，儿女远走了，生活中发生了很多的事，但唯有种出白色金盏花的愿望在她的心中牢牢地扎下了根。终于，在20年后的一天，她在园中看到一朵金盏花，是如银如雪的白。一个连专家都解决不了的问题，在一个不懂遗传学的老人手中迎刃而解，这不是奇迹吗？

漫漫人生，难免会遇到荆棘和坎坷，但风雨过后，一定会有美丽的彩虹。所以，任何时候你都要抱乐观的心态，都不要丧失希望。要知道，失败不是生活的全部，挫折只是人生的插曲。虽然机遇总是飘忽不定，但只要你坚持，保持乐观，你就能永远拥有希望。即使一生不如意，但有希望相伴也是幸福。

不是成功速度慢，而是放弃速度快

德国伟大诗人歌德在《浮士德》中说："始终坚持不懈的人，最终必然能够成功。"人生的较量就是意志与智慧的较量，轻言放弃的人注定不是成功的人。

约翰尼·卡什早就有一个梦想——当一名歌手。参军后，他买了自己有生以来的第一把吉他。他开始自学弹吉他，并练习唱歌，他甚至创作了一些歌曲。服役期满后，他开始努力工作以实现当一名歌手的夙愿，可他没能马上成功。没人请他唱歌，就连电台唱片音乐书目广播员的职位他也没能得到。他只得靠挨家挨户推销各种生活用品维持生计，不过他还是坚持练唱。他组织了一个小型的歌唱小组在各个教堂、小镇上巡回演出，为歌迷们演唱。最后，他灌制的一张唱片奠定了他音乐工作的基础。他吸引了两万名以上的歌迷，金钱、荣誉、在全国电视屏幕上露面——所有这一切都属于他了。他对自己深信不疑，这使他获得了成功。

接着，卡什经受了第二次考验。经过几年的巡回演出，他被那些狂热的歌迷拖垮了，晚上须服安眠药才能入睡，而且要吃些“兴奋剂”来维持第二天的精神状态。他沾染上了一些恶习——酗酒、服用催眠镇静药和刺激兴奋性药物。他的恶习日渐严重，以致对自己失去了控制能力。他不是出现在舞台上，而是更多地出现在监狱里。到了1967年，他每天须吃一百多片药。

一天早晨，当他从佐治亚州的一所监狱刑满出狱时，一位行政司法长官对他说：“约翰尼·卡什，我今天要把你的钱和麻醉药都还给你，因为你比别人更明白你能充分自由地选择自己想干的事。看，这就是你的钱和药片，你现在就把这些药片扔掉吧，否则，你就去麻醉自己，毁灭自己。你选择吧！”

卡什选择了生活。他又一次对自己的能力做了肯定，深信自己能再次成功。他回到纳什维利，并找到他的私人医生。医生不太相信他，认为他很难改掉服麻醉药的坏毛病，医生告诉他：“戒毒瘾比找上帝还难。”他并没有被医生的话吓倒，他知道“上帝”就在他心中，他决心“找到上帝”，尽管这在别人看来几乎不可能。他开始了他的第二次奋斗。他把自己锁在卧室闭门不出，一心一意要根绝毒瘾，为此他忍受了巨大的痛苦，经常做噩梦。后来在回忆这段往事时，他说，他总是觉得昏昏沉沉，好像身体里有许多玻璃球在膨胀，突然一声爆响，只觉得全身布满了玻璃碎片。当时摆在他面前的，一边是麻醉药的引诱，另一边是他奋斗目标的召唤，结果后者占了上风。九个星期以后，他恢复到原来的样子了，睡觉不再做噩梦。他努力实现自己的计划，几个月后，他重返舞台，再次引吭高歌。他不停息地奋斗，终于再一次成为超级歌星。

卡什的成功来源于什么？很简单，坚持。

一个人身处困境之中，不自强永远也不会有出头之日，仅仅一时的自强而不能长期坚持，也不会走上成功之路。因此，坚持不懈地自强，才是扭转命运的根本力量。

屡战屡败的死敌是屡败屡战

当塞洛斯·W.菲尔德从商界引退的时候，他已经积累了大量的财富。而这时他却对在大西洋中铺设海底电缆这一构想产生了极大的兴趣，这样一来欧洲和美洲就能建立电报联系。菲尔德倾其所有来完成这一事业。前期的准备工作包括建造一条从纽约到纽芬兰圣约翰的电话线路，全长1600多千米。这其中有600多千米需要穿过一片原始森林，为此他们不得不在铺设电话线的同时修建一条穿越纽芬兰的道路。这条线路中还有220多千米要通过法国的布列塔尼，建设者们在那儿也投入了大量的人力。与此相同的还有铺设通过圣劳伦斯的电缆。

通过艰苦的努力，菲尔德得到了英国政府对他的公司的援助。但是在国会，他曾经遭到了一个很有影响力的团体的强烈反对，在参议院表决时，菲尔德的方案仅以一票的优势获得通过。英国海军派出了驻塞瓦斯托波尔舰队的旗舰“阿伽门农”号来铺设电缆，而美国则由新建的护卫舰“尼亚加拉”号来承担这一工作。但是由于一次意外，已铺设了8千米长的电缆卡在了机器里，被折断了。在第二次实验中，船只驶出320千米时，电流突然消失了，人们在甲板上焦急沮丧地来回走动，似乎死期就要来临。正当菲尔德先生要下令切断电缆的时候，电流就像它消失时那样，突然又神奇地恢复了。接下来的一个晚上，电缆以每小时9千米的速度延伸，但由于停船过于突然，船只猛烈地倾斜了一下，电缆又被卡断了。

菲尔德不是一个轻言放弃的人。他重新购买了1126千米长的电缆，委托一位精通此行的专家设计一套更好的铺设电缆的机器设备。美国和英国的发明家齐心协力地工作，最后决定从大西洋中央开始铺设两段电缆。于是两艘船开始分头工作，一艘驶往爱尔兰，另一艘驶往纽芬兰，每艘船都各自承担一头的铺设工作。大家希望这样能够把两个大陆连接起来。就在两艘船相距5千米时，电缆断了。人们重新连上了电缆，但是当两艘船相距130千米时，电流又消失了。电缆再次连上了，大约又铺设了320千米之后，在距“阿伽门农”号6千米处，不幸电缆又断了，“阿伽门农”号随即返回了爱尔兰海岸。

项目负责人都感到非常沮丧，公众开始怀疑，投资商开始退却。如果不是菲尔德先生不屈不挠、夜以继日、废寝忘食地工作，说服众人，整个工程项目早就被放弃了。终于开始了第三次尝试，这一次成功了，整条电缆线顺利地铺设完成。几个信号在大西洋上传送了将近1126千米之后，突然电流中断了。

大家都失去了信心，只有菲尔德先生和他的一两个朋友仍然对此抱有希望。他们继续坚持工作，并且说服了人们继续投资进行试验。一条崭新的更为高级的电缆由“大东部”号负责铺设。“大东部”号慢慢地驶向大西洋，一边前进一边铺设。一切都进行得很顺利，直到距离纽芬兰970千米处，电缆突然折断沉入海底。几次捞起电缆的尝试都失败了，这一项目也因此停顿了将近一年。但是菲尔德先生并没有被这些困难吓倒，他继续为自己的目标努力。他组建了新公司，并制造了一条当时最为先进的电缆。1866年7月13日，试验开始了，这一次他们成功地向纽约传送了信息，全文如下：

无比满足，7月27日。

我们于早上9点到达，一切顺利。感谢上帝！电缆铺设成功，运行良好。

塞洛斯·W. 菲尔德

那条旧的电缆也找到了，重新连接起来，通往纽芬兰。这两条线路现在仍在使用，而且将来也会有用。

坚持，赢得成功

生活中我们缺少的就是这种坚持，当希望的事情没有实现之后，就放弃了，伤心，失落，甚至抱怨，觉得命运不公平。可是，只有懂得坚持的人，才能赢得事业上的成功。

我们当中的很多人，不仅自己不去为看似不可能实现的事情努力，反而去嘲笑那些为了梦想而努力的人们，觉得他们愚蠢。或许有一天，当你再次见到那个曾经被你嘲笑过的人时，会突然间发现他已经成为一个非常成功的人。就像《士兵突击》中的许三多，他是一个别人眼中的“三呆子”，他很重视每一次机会，即使在别人眼中他永远是一个笨手笨脚的人，一个在起初连正步都走不好的人，他认为自己不是马而是骡子，所以他加倍努力，做什么就和抓住了救命的稻草一样珍惜，最终他超越了当初嘲笑他的许多人。

生活中有无数的挑战，也有无数次与你擦肩而过的机会，有些人视而不见，而另外一些人却牢牢地抓住了它。有时候一次机会就会造就一个人的命运，很多人空有一身本领，却不懂得如何抓住机会，所以一生“怀才不遇”，而一些人虽然不是“学富五车”，但却总走得比别人远，也并非投机取巧，而是他善于抓住不远处的机会，每一次都不错过，所以我们常常会看到这样的现象，一些人并不是很出色但却能走到高处，做出成绩，而那些“才高八斗”的人却总是失意，就是因为不懂得利用机会。

不过，机会或时机又是难以察觉和捕捉的，它不会自己跑来敲你的门，也不会大喊大叫把你惊醒。它像不经意间掠过你面前的一阵风，又像一条水中的游鱼，似乎抓住了却又从你手中溜走。机会的确是成功的催化剂，成功人士凭借机会可以更快地达到目标。有一句格言说得好：“幸运之神会光顾世界上的每一个人，但如果她发现这个人并没有准备好要迎接她时，她就会从大门里走进来，然后从窗子里飞出去。”台塑董事长王永庆就算得上是一个善于抓住机遇的人。

1980年，美国经济陷入低潮，石化工业普遍不景气，关闭、停产的化工厂比比皆是。

经济萧条期间，许多企业家抱着观望的态度，不敢贸然行动，那些濒临倒闭的石化厂虽然亏本出售，却仍无人问津。但是王永庆却发动攻势，以出人意料的低价，买下得克萨斯州休斯敦的一个石化厂。得克萨斯州是美国石油蕴藏量最丰富的一个州，而且油质非常好。王永庆在那儿筹建全世界规模最大的PVC塑胶工厂，年产量48万吨。

王永庆在第二年又以迅雷不及掩耳的速度在美国的路易斯安那州和特拉华州各买下了一个石化厂。1982年，王永庆更以1950万美元买下了美国JM塑胶管公司的8个PVC下游厂。王永庆的这些大胆举动令同行大为不解，他们用疑惑的目光注视着他，议论纷纷。

可王永庆认为：在经济不景气的时候进行投资，收购或建厂的成本比较低，可增加产品的竞争能力；而且，经济大都遵循一定的周期规律，有落必有涨，兴建一座现代化工厂约需要一年半到两年时间，在经济不景气时建厂，等到建设结束时，市场又在复苏之中，正好赶上销售良机。

不过经济复苏却花了很长的一段时间，加上收购的工厂出现了一系列的问题，例如：石化厂机器老化、设备残旧等等，让他一年时间亏损了800万美元。不过，这时的王永庆并没有灰心，他通过改制，让工厂的面貌有了彻底改观，生产很快走上了正轨。

经过台塑人的辛勤奋斗，到1983年底，王永庆在美国的PVC厂每年的产量共计达39万吨，加上台塑原有的55万吨生产能力，合计年产量达到94万吨，台塑企业成了世界上产量最大的PVC制造商。

机会对于我们每一个人来说都是来之不易的，哪怕它是多么的微小，都值得一试。只有尝试才会有希望，放弃机会就等于放弃了成功的可能。

将来的你，一定会感谢现在努力的自己

我们之所以没有成功，很多时候是因为在通往成功的路上，我们没能耐得住寂寞，没有专注于脚下的路。

张艺谋的成功在很大程度上来源于他对电影艺术的诚挚热爱和忘我投入。正如传记作家王斌所说的那样："超常的智慧和敏捷固然是张艺谋成功的主要因素，但惊人的勤奋和刻苦也是他成功的重要条件。"

拍《红高粱》的时候，为了表现剧情的氛围，他亲自带人去种出一块 100 多亩的高粱地；为了"颠轿"一场戏中轿夫们颠着轿子踏得山道尘土飞扬的镜头，张艺谋硬是让大卡车拉来十几车黄土，用筛子筛细了，撒在路上；在拍《菊豆》中杨金山溺死在大染池一场戏时，为了给摄影机找一个最好的角度，更是为了照顾老演员的身体，张艺谋自告奋勇地跳进染池充当"替身"，一次不行再来一次，直到摄影师满意为止。

我们如果还在抱怨自己的命运，还在羡慕他人的成功，就需要好好反省自身了。很多时候，你可能就输在对事业的态度上。

1986 年，摄影师出身的张艺谋被吴天明点将出任《老井》一片

的男主角。没有任何表演经验的张艺谋接到任务，二话没说就搬到农村去了。

他剃光了头，穿上大腰裤，露出了光脊背。在太行山一个偏僻、贫穷的山村里，他与当地乡亲同吃同住，每天一起上山干活，一起下沟担水。为了使皮肤粗糙、黝黑，他每天中午光着膀子在烈日下曝晒；为了使双手变得粗糙，每次摄制组开会，他不坐板凳，而是学着农民的样子蹲在地上，用沙土搓揉手背；为了电影中的两个短镜头，他打猪食槽子连打了两个月；为了影片中那不足一分钟的背石镜头，张艺谋实实在在地背了两个月的石板，一天三块，每块 150 斤。

在拍摄过程中，张艺谋为了达到逼真的视觉效果，真跌真打，主动受罪。在拍"舍身护井"时，他真跳，摔得浑身酸疼；在拍"村落械斗"时，他真打，打得鼻青脸肿。更有甚者，在拍旺泉和巧英在井下那场戏时，为了找到垂死前那种奄奄一息的感觉，他硬是三天半滴水未沾、粒米未进，连滚带爬地拍完了全部镜头。

在通往成功的道路上，如果你能耐得住寂寞，专注于脚下的路，目的地就在你的前方，只要努力，你一定会走到终点；如果你专注于困难，始终想不到目的地就在离你不远的前方，你永远都走不到终点！

可能在人生旅途中我们会有理想也会有很多目标，但我们从来都不知道会遇到什么困难，所以你努力地朝着终点前进，你在过程中变得更自信更坚强，最终也走到了目的地。但如果你已经预测到了，我们的旅途是何等的艰辛，它困难重重，我们千方百计地去设想、规划每个可能碰到的困难，结果我们在攻克中迷失了方向，在想的过程中目的地已经离我们太远了。

看不清未来，就把握好现在

当我们不具备成功的天赋时，只有脚踏实地，才能让自己站稳脚跟。正如山崖上的松柏，经过无数暴风雪的洗礼，只有坚定地盘固于土地，它们才能长成坚固的树干。

一个人若不敢向命运挑战，不敢在生活中开创自己的蓝天，命运给予他的也许仅是一个枯井的地盘，举目所见将只是蛛网和尘埃，充耳所闻的也只是唧唧虫鸣。

所以，成功需要付出，希望需要汗水来实现，人生需要勤奋来铸就。

在美国，有无数感人肺腑、催人奋进的故事，主人公胸怀大志，尽管他们出身卑微，但他们以顽强的意志、勤奋的精神努力奋斗，锲而不舍，最终获得了成功。林肯就是其中的一位。

幼年时代，林肯住在一所极其简陋的茅草屋里，没有窗户，也没有地板，用当代人的居住标准来看，他简直就是生活在荒郊野外。但是他并没放弃希望，为了希望他流再多的汗水也不会后悔。当时他的住所离学校非常远，一些生活必需品都相当缺乏，更谈不上可供阅读的报纸和书籍了。

然而，就是在这种情况下，他每天还持之以恒地走二三十里路去上学。晚上，他只能靠着木柴燃烧发出的微弱火光来阅读……

众所周知，林肯成长于艰苦的环境中，只受过一年的学校教育，但他努力奋斗、自强不息，最终成为美国历史上最伟大的总统之一。

任何人都要经过不懈努力才可能有所收获。世界上没有机缘巧合这样的事存在，唯有脚踏实地、努力奋斗才能收获美丽的奇迹。

亨利·福特从一所普通的大学毕业之后，便开始四处奔波求职，但均以失败告终。福特没有丧失对生活的希望，他依旧信心十足，自强不息、永不气馁。

为了找一份好工作，他四处奔走。为了拥有一间安静、宽敞的实验室，他和妻子经常搬家。短短的几年时间里，夫妻俩到底搬过几次家连他们自己也说不清了，但他们依旧乐此不疲。因为每一次搬迁，夫妇俩都有新的收获。贫困和挫折不仅磨炼了福特坚忍的性格，也锻炼了他的耐力和恒心，更使他有机会熟悉社会、了解人生，为未来新的冲刺做好了思想和技术的准备。

尽管贫困和挫折给他增添了不少的麻烦，但为了理想福特依然勤奋努力着，依然奋力拼搏着。功夫不负有心人，福特自强不息的精神和奋不顾身的打拼终于得到了回报。他应聘到爱迪生照明公司主发电站负责修理蒸汽引擎，终于实现了自己的心愿。不久，他又因为工作出色，被提升为主管工程师。

坚定自强不息的信念，让它深深地根植于你的心中，它就会激发你各方面的潜能，使你勇敢面对工作中的一切困难和障碍。

努力把自己的事做得更好，就是一种创造！厨师把菜做得更美味可口，裁缝把衣服做得更美观耐穿，建筑师盖出更舒适的房屋，司机开车更安全，作家努力写出更好的文章，都会为自己带来幸运，同时也为他人带来幸福。

无论是在生活中还是在工作中，都需要我们脚踏实地，时时衡量自己的实力，不断调整自己的方向，一步一步达到自己的目标。

不急不躁，走向成功

随着CPI上涨、房价暴涨、股市暴跌，在我们的心灵深处，总有一种力量使我们茫然不安，让我们无法宁静，这种力量叫浮躁。“浮躁”在字典里解释为：“急躁，不沉稳。”浮躁常常表现为：心浮气躁，心神不宁；自寻烦恼，喜怒无常；见异思迁，盲动冒险；患得患失，不安分守己；这山望着那山高，既要鱼也要熊掌；静不下心来，耐不住寂寞，稍不如意就轻易放弃，从来不肯为一件事倾尽全力。

随着经济发展如浪潮般步步攀高，这种浮躁的气息在社会中蔓延，几乎触及了参与其中的每一个人。很多人都想成功，却总是被成功拒之门外。

有一个人叫小付，他看到有人要将一块木板钉在树上，便走过去管闲事，想要帮那个人一把。小付对那人说：“你应该先把木板头子锯掉再钉上去。”于是，小付找来锯子，但没锯两三下又撒手了，想把锯子磨快些。于是他又去找锉刀，接着又发现必须先在锉刀上安一个顺手的手柄。于是，他又去灌木丛中寻找小树，可砍树又得先磨快斧头……

后来人们发现，小付无论学什么都是半途而废。小付从未获得过什么学位，他所受过的教育也始终没有用武之地，但他的祖辈为他留下了一些本钱。他拿出10万元投资办一家煤气厂，可造煤气所需的煤炭价钱昂贵，这使他大为亏本。于是，他以9万元的售价把煤气厂转让出去，开办起煤矿来。可又不走运，因为采矿机械的耗资大得吓人。因此，小付把在矿里拥有的股份变卖成8万元，转入了煤矿机器制造业。从那以后，他便像一个滑冰者，在有关的各种工业部门中滑进滑出，没完没了。

正如小付困惑的那样，为什么自己付出那么多，终究一事无成呢？答案很简单，小付总是这山望着那山高，急于追求更高的目标，而不是在一个既定的目标上下功夫。要知道，摩天大厦也是从打地基开始的。小付这种浮躁的心态只能导致他最后落个两手空空。

很多人在做事情的时候不能静下心来扎扎实实地从基础开始，总是觉得踏踏实实地做事情的方法很笨，于是做什么事情都求快，想以最小的付出获得最大的利益，浮躁的心态让人不会专注地做一件事情，所以也就很难成功。在人生的牌局中，要想赢牌，浮躁就是最大的敌人。

《士兵突击》中，许三多显然是一个“异类”，他不明白做人做事为什么要如此复杂，一切投机取巧、偷奸耍滑的世故做法，他都做不来，或者根本就没有想过。他有的只是本性的憨厚与刻入骨髓的执着。他做每一件小事都像抓住一根救命稻草一样，投入自己所有的能量和智慧，把事情做到最好，他这样做并不是为了得到旁人的赞赏与关注，只是因为这是有意义的。他面对困难从来不说“放弃”，而是默默地承受，慢慢地解决，毫无抱怨，绝不气馁。当一个又一个问题被他以执着的劲头解决之后，他俨然成长为了一个巨人。他不会面对诱惑放弃忠诚，当老 A 部队的队长向他发出邀请时，许三多用一句“我是钢七连的第 4956 个兵”做出了态度鲜明的回答。

“许三多”已成为家喻户晓的人物形象，他被定格为一种沉稳、踏实的文化符号，成为“浮躁”的反义词。毛主席曾经教导我们说：“世界上怕就怕‘认真’二字。”如果我们能安下心来认真做一件事情，就没有做不好的。很多人开始做事情时会满腔热血，但慢慢地这种热情会消退，最后就会被完全放弃。是什么原因让那么多人半途而废呢？是急于求成、不愿直面困难的浮躁心理。很多人好高骛远，总是急于看到事情的结果，而不能忍受事情完成的过程，当他们觉得这些事情没有意义时，于是选择了放弃。

古往今来，那些成大器者，无不是沉稳、干练、能够耐得住寂寞的人。

浮躁是一种情绪，一种并不可取的生活态度。人浮躁了，会终日处在又忙又烦的应急状态中，脾气会暴躁，神经会紧绷，长久下来，会被生活的急流所挟裹。凡成事者，要心存高远，更要脚踏实地，这个道理并不难懂。

踏实、沉稳，心平气和、不急不躁，抛开浮躁的心态，从身边的小事做起，脚踏实地地坚持，坚韧不拔地努力，我们才有可能达成人生的目标，走到成功的那一步。

辉煌的背后，总有一颗努力拼搏的心

2009 年的春节联欢晚会上，和小品大师赵本山一起合作表演小品《不差钱》的演员“小沈阳”沈鹤，一夜之间红遍中国。他的那几句台词也成为很多人模仿的样本：“人这一生其实可短暂了，有时候一想跟睡觉是一样儿一样儿的。眼睛一闭，一睁，一天过去了；眼睛一闭，不睁，这一辈子就过去了。”“人不能把钱看得太重，钱乃身外之物。人生最痛苦的事情你知道是什么吗？人死了，钱没花了。”

沈鹤靠着春晚迅速蹿红，一时之间全国各大媒体上都会看见小沈阳的影子，不论是赞扬的还是质疑的，但无可厚非的一个事实就是他的表演起码已经被大部分的电视观众所接受。这么快的蹿红对于一个艺人来说是求之不得的事情，但是在光鲜的背后，小沈阳也有着心酸的回忆。

小沈阳家境贫寒，他很早就辍学了。为了将来有口饭吃，他曾经学过武术，但发现不适合自己，最终他选择了二人转，报考了铁岭县剧团。学成之后，他又去了长春小剧场进行表演，这一演就是七年。七年之后，赵本山接纳了他，收他为徒，从此他跟着赵本山认真学艺，直到 2009 年被更多的人认识。

早在 2008 年的时候，沈鹤其实已经“进军”春晚，但是几个回合下来，他的节目被刷下来了。而他的节目本来打算上央视的元宵晚会，但是又临时被取消了。当时的沈鹤这样对自己说，连大艺术家都有被刷下的可能，更何况自己呢？他依旧努力跟师傅赵本山学习二人转，学习表演。直到2009年，他终于踏入春晚的大门，并且真正的红了。

如今的小沈阳是令人羡慕的，就像有人说的那样，很多人关心的只是我们跑得快不快，而很少有人关心我们跑得累不累。在这一行，如果出名了，你大红大紫；如果不出名，那么，便只是一个默默在后面跑台的小角色，不会有人注意你，你的去留没有人在乎。所以，在每一个出人头地者的背后，不知道隐藏了多少委屈和艰辛的泪水。

香港喜剧大王周星驰也是一样，在成名之前，他自己一个人默默地奋斗着，对于自己追逐的梦想从没想过要放弃。在他的好友梁朝伟已经春风得意的时候，他却在《射雕英雄传》里饰演一个刚一出场就被打死的士兵。他甚至问导演，在死之前伸出手去挡一下可以吗？

他在演艺这条道路上默默地前行、摸索。今天的周星驰已不可同日而语，他算得上是香港电影史上的里程碑，他开创了周氏幽默。凡是讲到香港电影史，一定不能落下周星驰的电影，它是一个时代的标志，是香港喜剧的集大成者。

那些仍然在黑暗中努力拼搏的人们，千万不要丧失了信心，失去前进的动力。任何成功都充满着艰辛，或许，再坚持一会儿，你就会看到前面灿烂的阳光；或许再坚持一会儿，人生就会改变。

许多人做事时非常努力，却坚持不到最后。其实，若心中有梦，总会有实现的那一天，哪怕现在我们仍在黑暗中摸爬滚打，哪怕别人认为我们现在是如何的不起眼，没有关系，只要自己相信自己，付出努力，坚持向着梦想的方向前进，就会让我们心中的幼芽开花、结果。

第七章

所有的成长，都是因为选对了方向

人生本无意义，需要自己确立

“吃饭是为了活着，但活着绝不是为了吃饭。”这句话告诉我们：人生需要一个鲜明的意义。有的人追求爱情，为爱情百折不回、无怨无悔；有的人追求金钱，为金钱殚精竭虑、夙兴夜寐；有的人追求友情，为朋友两肋插刀、赴汤蹈火；有的人追求名誉，为名誉立身持正、两袖清风……

人生在世都有所追求，追求本身便是自己给自己设立的人生意义。倘若没有追求、没有渴望，人生就如同嚼蜡，缺少滋味。星云大师说：“成功有成功的条件，想成功必须先建立良好的观念，否则就可能差之毫厘，谬以千里。”所谓良好的观念有很多，比如“一分耕耘、一分收获”“只求付出、不求回报”“有志者事竟成”……每一种观念的确立，其实都是一条指向人生意义的路径。

子曰：“不曰‘如之何，如之何’者，吾未如之何也已矣！”这句话的意思是，一个不说“怎么办，怎么办”的人，我真不晓得他该怎么办了。如果一个人对任何事情都不多加思索，不想寻找解决困难的方法，不想得到问题的答案，只是糊里糊涂地“做一天和尚撞一天钟”，那么就连孔子这样的圣人都不知道该如何开导他了。

作家毕淑敏在某所大学作演讲时，不断有学生递上字条提出自己的疑问。字条上提得最多的问题是——“人生有什么意义？请你务必说实话，因为我们已经听过太多言不由衷的假话了。”

她把这个问题读了出来，并说：“你们今天提出这个问题很好，我会讲真话。我在西藏阿里的雪山之上，面对着浩瀚的苍穹和壁立的冰川，如同一个茹毛饮血的原始人，反复地思索过这个问题。我相信，一个人在他年轻的时候是会无数次地叩问自己：‘我的一生，到底要追索怎样的意义？’我想了无数个晚上和白天，终于得到了一个答案。今天，在这里，我将非常负责地对你们说，我思索的结果是：人生是没有任何意义的！”

这句话说完，全场出现了短暂的寂静，但紧接着就响起了暴风雨般的掌声。这可能是毕淑敏在演讲中获得的最热烈的掌声。在以前，她从来不相信果真有“暴风雨”般的掌声，她觉得那只是一个拙劣的比喻。但这一次，她却亲耳听到了。虽然她做了一个“暂停”的手势，但掌声还是持续了很长时间。

等掌声渐止，毕淑敏接着说道：“大家先不要忙着给我鼓掌，我的话还没有说完。我说人生是没有意义的，这不错。但是，我们每一个人要为自己确立一个意义！是的，关于人生意义的讨论，充斥在我们的周围。很多说法，由于熟悉和重复，已让我们从熟视无睹滑到了厌烦，可是这不是问题的真谛。真谛是，别人强加给你的意义，无论它多么正确，如果它不曾进入你的心理结构，它就永远是身外之物。例如，我们从小就被家长灌输过人生意义的答案。在此后漫长的岁月里，谆谆告诫的老师和各种类型的教育，也都不断地向我们批发人生意义的补充版。但是有多少人把这种外在的框架当成自己内在的标杆，并为之下定了奋斗终生的决心？”

“人生是没有意义的，但你要为之确立一个意义。”这是何其朴素又何其深刻的道理！人生需要我们为之确立一个意义。生活若缺少了意义，就缺少了乐趣，一个人就会变得浑浑噩噩，感到空虚和麻木。给人生一个鲜明的意义。这个意义，要经得起时间的考验，随着时间的流逝，你不会为之感到后悔；这个意义，能赶走生命的颓废和空虚，带来愉快和欣喜；这个意义，能永远璀璨、不会变质，值得为之舍弃很多其他东西。一般来说，这个意义若要无悔，必定与感情有关，与金钱无关，人生的意义，必须包含一些精神上的寄托，如此才能感到生命无悔。

心中有了方向，才不会一路跌跌撞撞

一个连自己的人生观都还没有确定、学问道德修养都还不够的人，是没有资格直接去指点别人行为的得失。一个人没有自己的人生观，没有人生的方向，只是一味地跟着环境在转，那是人生最悲哀的事。人生有自我存在的价值，选择一个目标，也等于明确了人生的方向，这样才不至于迷失。

比塞尔是西撒哈拉沙漠中的一颗明珠，每年有数以万计的旅游者来到这里。可是在肯·莱文发现它之前，这里还是一个封闭而落后的地方。这里的人没有一个走出过大漠，据说不是他们不愿离开这块贫瘠的土地，而是尝试过很多次都没有走出去。

肯·莱文当然不相信这种说法。他用手语向这里的人问原因，结果每个人的回答都一样：从这儿无论向哪个方向走，最后还是转回到出发的地方。为了证实这种说法，他做了一次试验，从比塞尔村向北走，结果三天半就走了出来。

比塞尔人为什么走不出来呢？肯·莱文非常纳闷儿，最后他只得雇一个比塞尔人，让他带路，看看到底是怎么回事。他们带了半个月的水，牵了两峰骆驼，肯·莱文收起指南针等现代设备，只拄一根木棍跟在后面。

10天过去了，他们走了大约1000千米的路程，第11天早晨，果然又回到了比塞尔。

这一次肯·莱文终于明白了，比塞尔人之所以走不出大漠，是因为他们根本就不认识北极星。在一望无际的沙漠里，一个人如果凭着感觉往前走，他会走出许多大小不一的圆圈，最后的足迹十有八九是一把卷尺的形状。比塞尔村处在浩瀚的沙漠中间，方圆上千公里没有一点儿参照物，若不认识北极星又没有指南针，想走出沙漠，确实是不可能的。

肯·莱文在离开比塞尔时，带了一位叫阿古特尔的青年，就是上次和他合作的人。他告诉这位汉子，只要你白天休息，夜晚朝着北面那颗星走，就能走出沙漠。阿古特尔照着去做了，三天之后果然来到了大漠的边缘。阿古特尔因此成为比塞尔的开拓者，他的铜像被竖在小城的中央。铜像的底座上刻着一行字：新生活是从选定方向开始的。

一个辉煌的人生在很大程度上取决于人生的方向，个人的幸福生活也离不开方向的指引。确立人生的方向是人一生中最值得认真去做的事情。你不仅需要自我反省，向人请教“我是什么样的人”，还需要很清楚地知道“我究竟需要什么”，包括想成就什么样的事业、结交什么样的朋友、培养和保留什么样的兴趣爱好、过一种什么样的生活。这些选择是相对独立的，但却是在一个系统内的，彼此是呼应的，从而共同形成人生的方向。

闻名于世的摩西奶奶是美国弗吉尼亚州的一位农妇，76 岁时因关节炎放弃农活，这时她又给了自己一个新的人生方向，开始了她梦寐以求的绘画。80 岁时，到纽约举办个人画展，引起了意外的轰动。她活了 101 岁，一生留下绘画作品 600 余幅，在生命的最后一年还画了 40 多幅。

不仅如此，摩西奶奶的行动也影响到了日本大作家渡边淳一。渡边淳一从小就喜欢文学，可是大学毕业后，他一直在一家医院里工作，这让他感到很别扭。马上就 30 岁了，他不知该不该放弃那份令人讨厌却收入稳定的工作，以便从事自己喜欢的写作。于是他给闻名已久的摩西奶奶写了一封信，希望得到她的指点。摩西奶奶很感兴趣，当即给他寄了一张明信片，她在上面写下这么一句话：“做你喜欢做的事，上帝会高兴地帮你打开成功之门，哪怕你现在已经 80 岁了。”

人生是一段旅程，方向很重要，每个人都可以掌握自己人生的方向。找到人生方向的人是最快乐的人，他们在每天的生活中体验这些，追求一种能令他们愉悦和满意的生活，他们的生活是与他们所向往的人生方向相一致的，对人生方向的追求使他们的生命更加有意义。

人生的方向也是人生的哲学。在追求自己人生方向的过程中，应不断地做出总结，这并不是说你正处于一个人生的危急关头，不得不在你未来的目标和你的职业道路之间做出一个选择，而是从一开始就给自己选定人生的方向，这才是最关键的人生问题。

目标有价值，人生才有价值

关于人生，关于价值，著名哲学家黑格尔有一个著名的论断，他说："目标有价值，人生才有价值。"可见目标对于人生的重要性，只有了解了自己为何有此一生，确立了自己所要完成的目标，人生才会更有意义。因此，我们要树立自己的目标，而且要树立有价值的目标。

有一次，在高尔夫球场，罗曼·V. 皮尔在草地边缘把球打进了杂草区。有一个青年刚好在那里清扫落叶，就和他一块儿找球，那时，那青年很犹豫地说："皮尔先生，我想找个时间向你请教。"

"什么时候呢？"皮尔问道。

"哦！什么时候都可以。"他似乎颇为意外。

"像你这样说，你是永远没有机会的。这样吧，30 分钟后在第 18 洞见面谈吧！"皮尔说道。30 分钟后他们在树荫下坐下，皮尔先问他的名字，然后说："现在告诉我，你有什么事要同我商量？"

"我也说不上来，只是想做一些事情。"

"能够具体地说出你想做的事情吗？"皮尔问。

"我自己也不太清楚。我很想做和现在不同的事，但是不知道做什么才好。"他显得很困惑。

"那么，你准备什么时候实现那个还不能确定的目标呢？"皮尔又问。

青年对这个问题似乎既困惑又激动，他说："我不知道。我的意思是有一天。有一天想做某件事情。"于是皮尔问他喜欢什么事。他想了一会儿，说想不出有什么特别喜欢的事。

"原来如此，你想做某些事，但不知道做什么好，也不确定要在什么时候去做，更不知道自己最擅长或喜欢的事是什么。"

听皮尔这样说，青年有些不情愿地点头说："我真是个没有用的人。"

"哪里。你只不过是没有把自己的想法加以整理，或缺乏整体构想而已。你人很聪明，性格又好，又有上进心。有上进心才会促使你想做些什么。我很喜欢你，也信任你。"

皮尔建议他花两星期的时间考虑自己的将来，并明确决定自己的目标，不妨用最简单的文字将它写下来。然后估计何时能顺利实现，得出结论后就写在卡片上，再来找自己。

两个星期以后，那个青年显得有些迫不及待，至少精神上看来像完全变了一个人似的在皮尔面前出现。这次他带来明确而完整的构想，已经掌握了自己的目标，那就是要成为他现在工作的高尔夫球场经理。现任经理 5 年后退休，所以他把达到目标的日期定在 5 年后。

他在这 5 年的时间里确实学会了担任经理必备的学识和领导能力。经理的职务一旦空缺，没有一个人是他的竞争对手。

又过了几年，他的地位依然十分重要，成为公司不可缺少的人物。他根据自己任职的高尔夫球场的人事变动决定未来的目标。现在他过得十分幸福，非常满意自己的人生。

塞涅卡有句名言说："如果一个人活着不知道他要驶向哪个码头，那么任何风都不会是顺风。有人活着没有任何目标，他们在世间行走，就像河中的一棵小草，他们不是行走，而是随波逐流。"

没有目标的人生就像没有方向的航船，只能在海上漫无目的地漂泊。为了掌握自己的人生，先要明确你的目标，找到努力的方向，再立即采取行动，不断努力提高自己的能力，促进自己的成长，就能获得满意的人生。

明白自己想要什么，然后一往无前

人之一生，背负的东西太多太多，钱、权、名、利，都是我们想要的，一个也不想放下，压得我们喘不过气来。人生中有时我们拥有的太多太乱，我们的心思太复杂，我们的负荷太沉重，我们的烦恼太无绪，诱惑我们的事物太多，大大地妨碍我们，无形而深刻地伤害我们。生命如舟，载不动太多的欲望，怎样使之在抵达彼岸时不在中途搁浅或沉没？我们是否该选择放下，丢掉一些不必要的包袱，那样我们的旅程也许会多一些从容与安康。

明白自己真正想要的东西是什么，并为之而奋斗，如此才不枉费这仅有一次的人生。英国哲学家伯兰特·罗素说过，动物只要吃得饱，不生病，便会觉得快乐了。人也该如此，但大多数人并不是这样。很多人忙碌于追逐事业上的成功而无暇顾及自己的生活。他们在永不停息的奔忙中忘记了生活的真正目的，忘记了什么是自己真正想要的。这样的人只会看到生活的烦琐与牵绊，而看不到生活的简单和快乐。

我们的人生要有所获得，就不能让诱惑自己的东西太多，不能让努力的方向过于分叉。我们要简化自己的人生，要学会有所放弃，要学习经常否定自己，把自己生活中和内心里的一些东西断然放弃掉。

仔细想想你的生活中有哪些诱惑因素，是什么一直干扰着你，让你的心灵不能安宁，又是什么让你坚持得太累，是什么在阻止着你的快乐。把这些让你不快乐的包袱通通扔弃。只有放弃我们人生田地和花园里的这些杂草害虫，我们才有机会同真正有益于自己的人和事亲近，才会获得适合自己的东西。我们才能在人生的土地上播下良种，致力于有价值的耕种，最终收获丰硕的粮食，在人生的花园采摘到鲜丽的花朵。

所以，仔细想想你在生活中真正想要什么？认真检查一下自己肩上的背负，看看有多少是我们实际上并不需要的，这个问题看起来很简单，但是意义深刻，它对成功目标的制订至关重要。

要得到生活中想要的一切，当然要靠努力和行动。但是，在开始行动之前，一定要搞清楚，什么才是自己真正想要的。要打发时间并不难，随便找点儿什么活动就可以应付，但是，如果这些活动的意义不是你设计的本意，那你的生活就失去了真正的意义。你能否提高自己的生活品质，并且使自己满足、有所成就，完全看你自己真正需要什么，然后能不能尽量满足这些需要。

生活中最困难的一个过程就是要搞清楚我们自己究竟想要什么。大多数人都不知道自己真正想要什么，因为我们不曾花时间来思考这个问题。面对五光十色的世界和各种各样的选择我们更不知所措，所以我们会不假思索地接受别人的期望来定义个人的需要和成功，社会标准变得比我们自己特有的需求还要重要。

我们总是太在意别人的看法，以致我们下意识地接受了别人强加于我们的种种动机，结果，努力过后才发现自己的需求一样都没能满足。更复杂的是，不仅别人的意见影响着我们的欲望，我们自己的欲望本身也是变幻莫测的。它们因为潜在的需要而形成，又因为不可知的力量日新月异。我们经常得到过去十分想要的，而现在却不再需要的东西。

如果有什么原因使我们总是得不到自己想要得到的东西的话，这个原因就是你并不清楚自己到底想要什么。在你决定自己想要什么、需要什么之前，不要轻易下结论，一定要先做一番心灵探索，真正地了解自己，把握自己的目标。只有这样，你才能在生活中满意地前进。

你成不了事，是因为你没有把它当回事

有这样一个故事：

一个诗人听说一个年轻人想跳桥自杀，而他手里拿着的是诗人

的诗集《命运扼住了我的喉咙》。诗人听说后，拿了另一本诗集，赶紧冲到桥上。诗人来到桥上，走到年轻人面前。

年轻人见有人上前，便做出欲跳的姿态说道：“你不要过来！你不用劝我，我是不会下来的，命运对我太不公平了。”诗人冷冷地说：“我不是来劝你的，我是来取回我那本诗集的。”年轻人很疑惑。诗人说：“我要将这本诗集撕碎，不再让它毒害别人的思想，我可以用我手中的这本诗集和你手中的那本交换。”年轻人犹豫了一会儿，答应了诗人的请求。年轻人接过诗人手上的那本诗集，有点儿吃惊，因为诗人手上的那本诗集的名字和原来那本那么的相似，但又是如此的不同——《我扼住了命运的喉咙》。

诗人接过年轻人手中的那本诗集，对着它凝望了一会儿，便将它撕得粉碎，撕完后，诗人又说道：“当我四肢健全时，我曾多次站在你那里，但当我经历了那场车祸变成残疾后，我便再也没站在那里过。”诗人说完，用深切的目光望着年轻人。年轻人迎着诗人的目光沉思了一会儿，终于从桥上下来了。

很多时候，我们和上面这个年轻人一样，总是被身边的人和事牵绊着、主宰着，把自己的人生交给命运去处理，而忘了自己其实是自己人生的主人，我们的命运和心灵应该由自己做主。

如果说生命是一艘航船，那么我们对舵的把握程度，就决定了我们拥有怎样的人生。一个人的命运好不好，首先是自己决定的。敢于主宰和规划人生，奇迹便会不断产生。

世界上的人基本上分为两大类：一种人拥有积极乐观的人生态度，而另外一种人拥有消极悲观的人生态度。不同的人生态度，决定不同的人生结果。

那些积极乐观的人，总是自己掌握自己的命运之舵，从而顺利到达幸福的彼岸；而那些消极悲观的人，总是把自己的命运之舵交给别人，或者依靠所谓的命运之神，结果永远在苦海里挣扎。如果有了积极的心态，又能不断地努力奋斗，那么世上一切事情都有成功的可能。如果既没有积极的心态，又不肯好好去努力，那么将永远和幸福失之交臂。

在家长制依然广泛存在的今天，长辈们包办子女的前途似乎合情合理，就算偶有意见，被他们的"生存哲学"一训诫，子女也会立刻驯服。上好学校、找稳定工作、结婚生孩子……很多人总是沿着既有的轨迹向前走，按着长辈们的意愿来生活，从来没想过自己也可以开创一个全新的人生。

亨利曾经说过："我是命运的主人，我主宰我的心灵。"做人应该做自己的主人，应该主宰自己的命运，而不能把自己交付给别人。然而，生活中许多人却不能主宰自己，有的人把自己交付给了金钱，成为金钱的奴隶；有的人为了权力，成了权力的俘虏；有的人经不住生活中各种挫折与困难的考验，把自己交给了上帝；有的人经历一次失败后便迷失了自己，向命运低头，从此一蹶不振。

一个不想改变自己命运的人，是可悲的；一个不能靠自己的能力改变命运的人，是不幸的。一个人想获得成功，必定要经过无数的考验，而一个经受不住考验的人是绝对不能干出一番大事的。很多人之所以不能成就大事，关键就在于无法激发挑战命运的勇气和决心，不善于在现实中寻找答案。古今中外的成功者，无不是凭借自己的努力奋斗，掌控命运之舟，在波峰浪谷间破浪扬帆。

每个人都要努力做命运的主人，不能任由命运摆布自己。像莫扎特、凡·高这些历史上的名人都是我们的榜样，他们生前都遭遇过许多挫折，但他们没有屈服于命运，没有向命运低头，而是向命运发起了挑战，最终战胜了命运，成为自己的主人，成了命运的主宰。

确立志向，坚持志向

我们常说的“燕雀安知鸿鹄之志”的典故出于《史记·陈涉世家》。

陈胜是阳城人（今郑州登封）。他年轻时是个雇工，给人耕田种地，长年累月像牛马一样受苦受罪，心里很是不平。有一天，在耕地中途他忽然停下手来，走到田垄上，握拳作势，怅然愤恨了许久，然后对伙伴们说：“要是将来谁富贵了，彼此都不要忘掉。”伙伴们笑着回他说：“你是个雇佣耕田工，哪里会有什么富贵呢？”陈胜叹息道：“唉，燕雀安知鸿鹄之志哉（燕子、麻雀这些小鸟哪里能理解大雁和天鹅的志向啊）？”这个故事表明了秦末农民起义领袖陈胜年少时就有像大鸟鹏程万里的远大志向。

所以说，确立远大的志向对于我们的人生具有重要的意义。志向作为一种价值目标，它能够激发人们的意志和激情，产生一种强大的精神动力，激励人们以积极、主动、顽强的精神投身于生活，对人生抱有积极向上的进取精神和乐观态度。

在我国历史上，那些人民英雄、民族英雄都是具有远大志向的人。

夏禹为了治水，九年在外，三过家门而不入。

秦国李冰父子为了解决成都盆地的洪涝灾害，带领百姓治水，克服了无数困难，建成了闻名于世的都江堰。

汉代的霍去病，为了国家的安宁，长期驻守在边关，坚持抵御匈奴的侵略，在戎马中度过了自己的一生。当击退了匈奴的入侵，汉武帝准备给他大盖府第以酬报他的功绩时，他却说："匈奴未灭，何以家为？"

南宋末年的文天祥曾说："人生自古谁无死，留取丹心照汗青。"

北宋的名将岳飞，离别妻母，转战疆场，为了挽救国家的危亡，最后和自己的儿子岳云一起被奸佞害死在风波亭上。

清代民族英雄林则徐，坚持抵御英殖民主义的侵略，直至被充军到新疆后，仍不灰心，一直没有忘记外国列强对我国的侵略，并在边疆和当地百姓一起修水利，栽葡萄，为人民造福。

志向，是人生前进的目标和导航的灯塔，是鼓舞人们去努力拼搏的动力。南宋哲学家朱熹说："大丈夫不可无气概"，"立志不坚，终不济事"。他在批评当时庸俗的社会风尚时，说道："今人贪利禄，而不贪道义，要作贵人，不作好人，皆是志不立之病。"北宋文学家苏轼指出："天下未有其志而无其事者，亦未有无其志而有其事者。事因志立，立志则事成。古之立大事者，不惟有超世之才，亦必有坚忍不拔之志。"

幸福来源于为成功而奋斗，而成功的首要前提是立志，立下远大而实际的志向。所以说，立志和人生的幸福是紧密联系的。每个人毕生都会思考这样一个问题：人生的价值是什么？如何生活才是幸福？其实，一个人只要树立了远大的志向，他就会把远大志向的实现，视为人生的价值和幸福。

卡耐基认为，远大志向是对幸福的憧憬、向往和追求，幸福是远大志向的实现。志向的实现是令人神往的，是幸福的，而对志向的追求则能唤起人们的极大热忱，获得精神上的充实感，这本身也是一种幸福。所以，无数仁人志士为了追求和实现远大的奋斗目标，甘愿承担艰难困苦，他们从来都不会放弃，从来都不会绝望，他们以苦为乐，对生活始终抱着极大的希望。而那些没有远大志向的人，终日浑浑噩噩地生活，白白地浪费自己的一生。在他们的生活中也许没有多大的痛苦，但他们也不会有真正的幸福。

立志就先学会收放心。一个人清心寡欲，矢志不渝，这是人心向上的最好状态。然而在当今时代，人心容易浮躁，容易受声色犬马的诱惑，东追西逐，不知所至。这样的追求不再是美好的，反而犹如发狂的牲口，放逐于名疆利场。

立志，当然不能立歪志。中国古代讲修齐治平就表现出传统文化对于志的基本要求，就是要利国、利民、利天下。我们立定志向要有所为，而有所不为。面对茫茫人海，我们不能人云亦云，不盲从，敢于相信真理，相信自己的志向。虽千万人，吾往矣，这才是真正的鸿鹄之志！

那些倒在失败与挫折中的人，不是没有志向，只是他们没有坚持志向；那些在潦倒中绝望的人，不是因为他们的志向太小，要知道他们也曾立下鸿鹄之志，但如果没有坚持下去，无论再大的志向也只是一场幻想；而那些志向坚定的人，无论他们的志向是小是大，那也是真正的“鸿鹄之志”！

错误，是成长的一部分

智者犯了错误，不会一味自责、内疚或寻找借口推卸责任，而是采取适当的方式正确地对待。

生活中，我们每个人都会犯错。犯了错只表示我们是人，不代表就该承受如下地狱般的折磨。我们唯一能做的就是正视这种错误的存在，由错误中学习，以确保未来不再发生同样的憾事。人的一生中犯的错误有许多，要是对每一件事都深深地自责，一辈子都背着一大袋的罪恶感过活，你还能奢望自己走远吗？

"随它去吧！"智者说，"它不会持久的，没有一个错误会持久的！"

太阳光芒万丈但还有黑子，人非圣贤，孰能无过？做错了就应该正视自己的错误，勇敢承担责任，及时勉励，确保以后不再重犯。而不应是推卸责任，想方设法为自己辩护或自责不已，无地自容，恨不得找个地缝钻进去……

犯一次错没什么大不了，原谅自己，相信自己下不为例，所谓聪明人不重复同样的错误，就是这个道理。若把时间、精力都放在自怨自艾、自暴自弃上，那你不但以后还会犯类似的错误，而且会对自己更没信心，把自己的生活搞得更加糟糕。

由于我们试图抓住一些无法挽回的不幸的事情，以及一些给我们带来痛苦、造成担忧和焦虑的事情，我们经历了不少折磨和痛苦！它们对我们是非常不利的，我们应该忘记它们，把它们打入历史的坟墓。不要因为悔恨过去而错过了未来更好的机会。

懂得爱自己、宽容自己，才是生活的智者。

把生活过成自己想要的样子

一座深山里有两块石头，第一块石头对第二块石头说："与其在这里养尊处优，默默无闻，还不如到外面世界去经历一番艰险和坎坷，经历一些磕磕碰碰，能够见识一下旅途的风光，也就知足了。"

"不，何苦呢？"第二块石头说，"安坐高处，一览众山小，周围花团锦簇，谁会那么愚蠢地在享乐和磨难之间选择后者。再说那路途的艰险磨难会让我粉身碎骨的！"

于是，第一块石头随山溪滚涌而下，虽然受尽了雨雪风霜和大自然的非难，但它依然执着地在自己的路途上奔波。第二块石头见它如此辛劳和困苦，讥讽地笑了，它独自在高山上享受着安逸和幸福。许多年后，饱经风霜、历尽沧桑、千锤百炼的第一块石头和它的家族被有心人发现了，并收藏在博物馆中。它们成了世间的珍品、石艺的奇葩，被千万人赞美称颂，享尽了人间的富贵荣华。第二块石头知道后，有些后悔当初，现在它想去投入到世间风尘的洗礼中，然后得到像第一块石头拥有的成功和高贵，可是一想到要经历那么多的坎坷和磨难，甚至疮痍满目、伤痕累累，还有粉身碎骨的危险，便又退缩了。

一天，人们为了更好地珍存那石艺的奇葩，准备为第一块石头重新修建一座博物馆，建造材料全部用石头。于是，他们来到高山上，把第二块石头凿方推平，给第一块石头盖起了房子。

朋友，读了这个故事，你希望自己做哪一种石头？

19 世纪末，英国有一位唯美派作家王尔德，他对于文学事业非常投入，写作时一丝不苟、不遗余力，改稿不厌其烦，以求达到更高的完美。有一天，当王尔德显得有些劳累，在餐馆用晚餐时，他的好友问他说："你今天一定很忙吧？看你一副累垮了的模样。"王尔德回答："是啊！今天真是累人，我整个上午都在校对一篇诗稿。"朋友说："只是这样啊！结果呢？"王尔德说："结果删掉了一个逗点，真的好累！"朋友吃惊地说："就只有这样？"王尔德很认真地说："是这样没错啊！可是……"朋友好奇地追问："可是什么？"王尔德说："可是到了下午，我又把那个删掉的逗点加了回去。"

由于这种精神，他的不少作品成为世界名著，到现在还广为流传。

世界上第一位亿万富翁——石油大王洛克菲勒曾对他的儿子说："我之所以成功是因为我一贯地追求完美。要做就做第一，在我眼中，第二名和最后一名没有什么区别。"

追求完美，是人类自身在渐渐成长过程中的一种心理特点或者说是一种天性。人类正是在这种追求中不断完善着自己，使得自身脱去了以树叶遮羞的衣服，变得越来越漂亮，成为这个世界万物之精灵。如果人只满足于现状，而失去了对完美的追求，那么人大概现在还只能在森林中爬行。

泰戈尔曾说："天地万物都在追求自身的独一无二的完美。"我们虽然做不到完美，但我们可以追求完美，至少我们在向完美靠近。

条条大路通“第一”

有一个小女孩，相貌平平，学习成绩也一般。大家平日里都不太注意她，但她脸上总有阳光般的笑容。

朋友问她开心的秘密，她轻轻地说：“我知道自己很平凡，可是我每一天都努力第一个走进教室，坐下来念书。我心里也有第一名的骄傲。”

是的，我们很普通，常常遭遇窘境，但是还有许多小径通向人生的亮丽舞台，人人都可以成为第一名。

琼斯有一个小农场，日子过得平静如水。

有一天，灾难降临了。他患了全身麻痹！这个可怜的老农民整天只能待在床上，彻底失去了生活能力。他的亲戚们都确信，他将永远成为一个失去希望、失去幸福的病人，他不可能再有什么作为了。然而，琼斯却又有了新的作为。

他能思考，他确实在思考、在计划。有一天，正当他致力于思考和计划时，他认识了那个最重要的生活法宝——积极心态。

琼斯满怀希望，抱着乐观精神，培养愉快情绪，从他所处的地方，把创造性的思考变为现实。

他要成为有用的人，而不要成为家庭的负担。

他把他的计划讲给家人听。

“我再不能用我的手劳动了，”他说，“所以我决定用我的心理从事劳动。如果你们愿意的话，你们每个人都可以代替我的手、足和身体。让我们把我们的农场每一亩可耕地都种上玉米，然后我们就养猪，用所收的玉米喂猪。”

“当我们的猪还幼小肉嫩时，我们就把它宰掉，做成香肠。然后把香肠包装起来，用一种牌号出售，我们可以在全国各地的零售店出售这种香肠。”他低声轻笑，接着说，“这种香肠将像热糕点一样畅销。”

几年后，“琼斯仔猪香肠”竟成了家庭的日常用语，成了最能引起人们胃口的一种食品。

可见，人生中条条大路通“第一”。拿出足够的勇气和热情，相信自己，终有一天，你会惊喜地发现：另起一行，我也可以做到第一！

打破思维的桎梏，放梦想一条生路

有时候，限制我们走向成功的，不是别人拴在我们身上的锁链，而是我们自己为自己设置的局限。高度并非无法超越，只是我们无法超越自己思想的限制，更没有人束缚我们，只是我们自己束缚了自己。

1968年，在墨西哥奥运会的百米赛场上，美国选手海恩斯撞线后，激动地看着运动场上的计时牌。当指示器打出9.9秒的字样时，他摊开双手，自言自语地说了一句话。

后来，有一位叫戴维的记者在回放当年的赛场实况时再次看到海恩斯撞线的镜头，这是人类历史上第一次在百米赛道上突破 10 秒大关。看到自己破纪录的那一瞬，海恩斯一定说了一句不同凡响的话，但这一最佳新闻点，竟被现场的四百多名记者疏忽了。

因此，戴维决定采访海恩斯，问问他当时到底说了一句什么话。

戴维很快找到海恩斯，问起当年的情景，海恩斯竟然毫无印象，甚至否认当时说过什么话。

戴维说："你确实说了，有录像带为证。"

海恩斯看完戴维带去的录像带，笑了。他说："上帝啊，那扇门原来是虚掩的。"

谜底揭开后，戴维对海恩斯进行了深入采访。

自从欧文斯创造了 10.3 秒的成绩后，曾有一位医学家断言，人类的肌肉纤维所承载的运动极限，不会在每秒 10 米之内。

海恩斯说："30 年来，这一说法在田径场上非常流行，我也以为这是真理。但是，我想，自己至少应该跑出 10.1 秒的成绩。每天，我以最快的速度跑 5 公里，我知道百米冠军不是在百米赛道上练出来的。当我在墨西哥奥运会上看到自己 9.9 秒的纪录后，惊呆了。原来，10秒这个门不是紧锁的,而是虚掩的,就像终点那根横着的绳子一样。"

后来，戴维撰写了一篇报道，填补了墨西哥奥运会留下的一个空白。不过，人们认为它的意义不限于此，海恩斯的那句话，为我们留下的启迪更为重要。命运的门总是虚掩的，它会给我们留下一道开启的缝隙，可是我们情愿相信那是一堵不可穿越的墙。于是，我们独特的创意被自己抹杀，认为自己无法成功致富；告诉自己，难以成为配偶心目中理想的另一半，就无法成为孩子心目中理想的父母。然后，开始向环境低头，甚至开始认命、怨天尤人。

这一切都是我们心中那条系住自我的铁链在作祟罢了。或许，你必须耐心静候生命中来一场大火，逼得你非得选择挣断链条或甘心遭大火席卷。或许，你将幸运地选对了前者，在挣脱困境之后，语重心长地告诫后人，人必须经苦难磨炼方能得以成长。

其实，面对人生，你还有一种不同的选择。你可以当机立断，运用我们内在的能力，当下立即挣开消极习惯的捆绑，改变自己所处的环境，投入另一个崭新的积极领域中，使自己的潜能得以发挥。

你愿意静待生命中的大火？甚至甘心遭它席卷，低头认命？抑或立即在心境上挣开环境的束缚，获得追求成功的自由？

这项慎重的选择，当然得由你自行决定。

爱要越挫越通，成功亦然

人的生命历程就像海浪一样，总是在高低起伏中前进。在前进的途中，有时我们会碰到一道又一道难以翻越的坎。这些坎就是我们人生的瓶颈，卡在这个瓶颈中，我们会有种既上不去又下不来的感觉。如果卡在那里的时间过长，恐怕我们的斗志将会被慢慢磨灭，甚至最后自我放弃。所以，我们要不断超越自己，突破我们人生的瓶颈。

20 世纪 80 年代，百事可乐公司异军突起，使可口可乐公司遭到了强有力的挑战。为了扭转不利的竞争局面，塞吉诺 · 扎曼临危受命——经营可口可乐公司。

扎曼采取的策略是更换可口可乐的旧模式，标之以“新可口可乐”，并对其进行大肆宣传。但在新的营销策略中，扎曼犯了一个严重错误，他将老可口可乐的酸味变成甜味，没有考虑到顾客口味的不可变性，这就违背了顾客长久以来形成的习惯。结果，新可口可乐全线溃败，成为继美国著名的艾德塞汽车失利以来最具灾难性的新产品，以致 79 天后，“老可口可乐”就不得不重返柜台支撑局面——改名为“古典可乐”。

扎曼策略性的失败对他在公司的地位造成了巨大的负面影响，不久，他就在四面的攻击声中黯然离职。在扎曼离开可口可乐公司后的 14 个月中，他非常愧疚，没有同公司中的任何人交谈过。对于那段不愉快的日子，他回忆道：“那时候我真是孤独啊！”但是扎曼没有丧失希望、放弃自我。

世上没有永远的失败，失败只不过是成功人生的其中一个步骤而已，经历人生的瓶颈只是一时的，人生如果没有经历过挫折，那就不会享受到真正的成功，成功其实就是一连串失败的结果。对于扎曼来说就是这样。

在扎曼先生经过了一年多的瓶颈期后，他和另一个合伙人开办了一家咨询公司。他就用一台电脑、一部电话和一部传真机，在亚特兰大一间被他戏称为“扎曼市场”的地下室里，为微软公司和酿酒机械集团这样的著名公司提供咨询。后来，扎曼先生为微软公司、米勒·布鲁因公司为代表的一大批客户成功地策划了一个又一个发展战略。

最后，扎曼先生在咨询领域成绩斐然，此时可口可乐也来向他咨询，并请他回来整顿公司工作，可口可乐公司总裁罗伯特也承认：“我们因为不能容忍扎曼犯下的错误而丧失了竞争力，其实，一个人只要运动就难免有摔跟头的时候。”

是啊，人生难免摔跟头，一时的失意并不可怕，只要不失去希望、失去志向，就能突破人生的瓶颈，赢得属于自己的一片天空。历史上的许多伟人、许多成功者，都有过失意的时候，而他们都能够做到失意而不失志，都能做到胜不骄、败不馁。

蒲松龄一生梦想为官，可最终也没能如意，但是他是幸运的，因为他能及时反省，能及时调转人生的航向，找到他人生的另一片天空，这才有《聊斋志异》的流芳百世，他的大名也永载史册。

司马迁因李陵一案而官场失意，可他没有被打垮，不屈不挠的精神反而成就了他“史家之绝唱，无韵之《离骚》”的传世经典之作。

美国伟大的总统林肯一生经历了无数失败和困苦，但他最终还是得到了成功女神的垂青，成为美国历史上与华盛顿齐名的伟人。试想，如果他不能坚持到最后，每一次失败都将有可能把他的未来之路堵死。

成功学家拿破仑·希尔认为：“不管如何失败，都只不过是不断茁壮发展过程中的一幕。”一位哲人也说过：“成功是由若干步骤组成的，人生低谷只是其中的某个步骤而已，如果在那里停止了前进的脚步，那将是非常愚蠢的。”

所以，面对人生的瓶颈，我们要坚定自己的志向，永远怀着希望与信念，以毫不妥协的精神突破这些瓶颈，走出人生的低谷。

“小忍”能成“大谋”

“生当作人杰，死亦为鬼雄。至今思项羽，不肯过江东。”这是著名的女词人李清照赞颂西楚霸王项羽的一首诗，诗中虽然充满了豪情，但却难免给人英雄气短的感觉。试想一下，如果当年项羽能够忍受一时的屈辱，过得江东之后重整人马，那么历史便很有可能被改写。

而他的对手刘邦，则将一个“忍”字发挥到了极致。刘邦为了将来的前程似锦，忍住浮华诱惑，锋芒暂隐，静待转机。这也许正是他最终胜出项羽的原因。咸阳城内王室发生的剧变，已经明显影响到了秦军的士气，恰逢刘邦招降，众士兵正中下怀，项羽这边听说刘邦西征军已经接近武关的消息，也颇为着急。章邯投降后，项羽不再有任何阻碍，率军火速攻向关中盆地的东边大门——函谷关。

十月，刘邦军团进至灞上。咸阳城已完全没有了防卫的能力，秦王子婴主动投降，秦王朝正式灭亡。

刘邦大军历尽千辛万苦终于进入咸阳，此时刘邦对日后称霸天下有了莫大的野心和信心。

同时，面对扑面而来的荣华富贵，喜好享乐的他，竟然一时忘乎所以，自然忍不住心动。想起年少时的狂言：“大丈夫当如是也。”一切都这样不可思议的唾手可得。但在张良等人的劝说下，为了长远的未来，刘邦忍下了享受的心。

一个“忍”字的功夫怎生了得，它成全了刘邦，是刘邦成就霸业不可多得的秘密武器。而项羽，在民心方面，明显不如刘邦。项羽嗜杀成性，不管对方是否投降，一律斩杀。他曾在一夜之间，设计歼害了二十万秦国降军。项羽因为此事而在秦国人民心中臭名昭著。

项羽残杀秦国兵士，刘邦却与秦地父老约法三章，谁是谁非，天下人自然明白。刘邦轻易便为自己赢得了百姓的信任，项羽虽然勇猛，但是做一国之君的话，尚嫌粗莽。在这一节上，刘邦的功夫显然比项羽的功夫要到家。但是刘邦并非一忍再忍，还军灞上之后，仍对咸阳城念念不忘，从而犯下了一个致命的错误。

随后，刘邦在“鸿门宴”中更是将“忍”刻在了心头。这一场心理战，决定了最后的结局。刘邦在得知项羽要进攻的时候，镇定地用谎言骗住了项羽，使得项羽留给了刘邦一条生路。而项羽始终是轻敌的，尤其忽视了刘邦这个手下部将。他认为以刘邦的兵力，绝对不是他的对手。但是刘邦不跟他斗勇，刘邦喜欢斗智。

这就注定了项羽的悲剧命运。就勇猛来说，项羽力拔山兮气盖世；就智慧来说，项羽也不乏胆识与聪明；就实力来说，项羽是一代霸王，有过众望所归的气势。然而就是一个不能忍，破坏了全部的计划，影响了最终的结局，可见，忍字的力量无穷无尽。

小不忍则乱大谋，忍人一时之疑，一定之辱，一方面是脱离被动的局面，同时也是一种对意志、毅力的磨炼，为日后的发愤图强和励精图治奠定了一定的基础。而不能忍者，则要品尝自己急躁播下的苦果。

第八章

人生没有彩排，现在就是你的未来

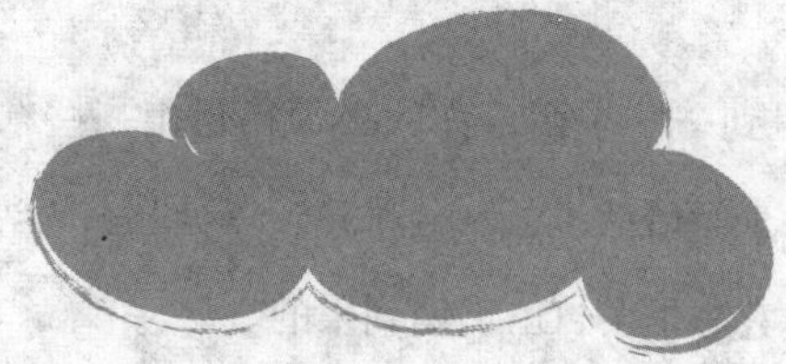

你对生活认真起来，生活一定不会亏欠你

要想得到一些东西，你就必须得付出一些东西，付出多少，你就能得到多少。俗话说，一分耕耘，一分收获。当然，你不必刻意地追求回报，它总是会自己悄悄到来的。

有个人在沙漠里穿行，已经连续几天没喝水了。他饥渴难耐，马上就要支撑不住了，突然发现在前面一株巨大的仙人掌下面有一个压水井。

他欣喜若狂，马上走了过去。只看见压水井上面放着一瓶水，他嗓子都要冒烟了，不管三七二十一拿起瓶子准备喝水，突然发现水井上有块醒目的警告牌子，他忍住干渴，只见牌子上写着这样一些字：

“这里距离沙漠的尽头，最近的距离是100英里。

“如果你现在将这瓶水喝完，虽然能暂时解除你的干渴，但是你绝对不可能走出沙漠。

“如果你将瓶子里的水倒入压水泵，引出井里的水，那么你就能畅饮清凉洁净的井水，使你能平安走出这片沙漠。最后，享用完了别忘了为别人装满一瓶水。”

这个人心想，幸好我看了警告，不然后果……然后他将瓶子中的水倒入水泵中，喝足了清凉的井水，安全走出了这片沙漠。

在取得之前，要先学会付出。只有懂得付出，才能引出生命之水，助你安然走过人生的沙漠。种瓜得瓜，种豆得豆。春种一粒粟，秋收万颗子。没有付出，却想不劳而获，就同妄想天上掉馅饼是一样的道理。

一位从南方来的乞丐与一位从北方来的乞丐在路上相遇。南方乞丐惊愕地说道："你多么像我，我也多么像你，你的神情、服装、举止，甚至那个碗，都和我的简直一模一样。"

北方乞丐也兴奋地嚷着："我觉得在遥远的过去，似乎早就与你相识了。"这两位乞丐被彼此吸引，他们渐渐地爱上了对方。于是，他们不再去天涯海角流浪讨饭，彼此只想依偎在一起。

南方乞丐问："我们已经在一起了，你还拿着碗乞求什么？"

北方乞丐说："这还需要问吗？当然是乞求你的爱。我知道你是爱我的，除了我之外，还有谁跟我一样与你有这么多相同点呢？"

北方乞丐继续说道："亲爱的，将你碗里满满的爱，倒在我的空碗里吧，让我感受你无比的温暖。"

南方乞丐回答说："我端的也是空碗，难道你没瞧见吗？我也乞求你的爱倒入我的空碗，让我的空碗满满的都是你的爱。"

"我的碗是空的，又怎么给你呢？"北方乞丐一脸狐疑。

南方乞丐也说："我的碗难道是满的吗？"

两个乞丐互相乞讨，都期望对方能给自己一些什么，可是一直到最后，任何一方都没有得到对方的爱。

他们渐渐累了，各自叹息之后，走回自己原本的路，继续向其他人乞讨。

在期待别人的付出前，你要先学会付出。爱是相互的。建立在对对方予取予求基础上的爱，就像沙滩上的城堡，指望它能经得起海浪的洗礼是不明智的；因为事实告诉我们，只有靠双方真诚付出，才能使我们的城堡建立在坚实的岩石上，我们爱的城堡才可以在风雨中屹立不倒。

与其焦虑当下，不如拼个未来

忧虑如同摇椅，它似乎一直在忙碌，却哪儿也去不了。

在撒哈拉沙漠中，有一种土灰色的沙鼠。每当旱季到来之时，这种沙鼠都要囤积大量的草根，以准备度过这个艰难的日子。但奇怪的是，当沙地上的草根足以使它们度过旱季时，沙鼠仍要拼命地寻找草根，运回洞穴，似乎只有这样它们才能心安，才会踏实。否则便焦躁不安，嗷嗷叫个不停。

研究证明，这一现象是由沙鼠的遗传基因决定的，是沙鼠出于一种本能的担心。担心使沙鼠干了大于实际需求几倍甚至几十倍的事。沙鼠的劳动常常是多余的，毫无意义的。

曾有不少医学界的人士想用沙鼠来代替小白鼠做实验。因为沙鼠的个头很大，更能准确地反映出药物的特性。但所有的医生在实践中都觉得沙鼠并不好用。问题在于沙鼠一到笼子里就非常不适。尽管在笼子里的沙鼠的生活可以用“丰衣足食”来形容，但它们还是一个个地很快就死去了。医生发现，这些沙鼠是因为没有囤积到足够草根的缘故。确切地说，它们是因为极度焦虑而死亡的，这是来自一种自我心理的威胁。

你会为明天的盘子没洗发愁吗？事实上很多人都在做着这样的事情。在现实生活里，常让人们深感不安的往往并不是眼前的事情，而是那些还没有发生甚至永远也不会发生的事物。人们总是为了将来的所需和将来会如何而发愁，这种担心令人深深地感到不安。忧虑解决不了问题，只会增加你的压力，使你整天忧心忡忡，无端猜忌。

世上本无事，庸人自扰之。卡耐基说过："其实 99% 的焦虑根本不会发生，是人自己造成了自己的焦虑。"我们的担忧和烦恼其实都和杞人担心天会塌下来一样，都是自寻烦恼，没有必要的。

凡事总会有方法解决。如果你感到焦虑不安，那么为什么不试试这种方法——接受最坏的结果。

卡耐基在他的书中提到一个石油商人讲述的故事："我是石油公司的老板，有些运货员偷偷地扣下了给客户的油量而卖给了他人，而我却毫不知情。有一天，来自政府的一个稽查员来找我，告诉我他掌握了我的员工贩卖不法石油的证据，要检举我们。但是，如果我们贿赂他，给他一点钱，他就会放我们一马。我非常不高兴他的行为及态度。一方面我觉得这是那些盗卖石油的员工的问题，与我无关。但另一方面，法律又有规定'公司应该为员工的行为负责'。另外，万一案子上了法庭，就会有媒体来炒作此新闻，名声传出去会毁了我们的生意。我焦虑极了，开始生病，三天三夜无法入睡，我到底应该怎么做才好呢？给那个人钱呢？还是不理他，随便他怎么做？

"我决定不了，每天担心，于是，我问自己：如果不付钱的话，最坏的后果是什么呢？答案是：我的公司会垮，事业会被毁，但是我不会被关起来。然后呢？我也许要找个工作，其实也不坏。有些公司可能乐意雇用我，因为我很懂石油。至此，很有意思的是，我的焦虑开始减轻，然后，我可以开始思想了，我也开始想解决的办法：除了上告或给他金钱之外，有没有其他的路？找律师呀，他可能有更好的点子。

“第二天，我就去见了律师。当天晚上我睡了个好觉。隔了几天，我的律师叫我去见地方检察官，并将整个情况告诉他。意外的事情发生了，当我讲完后，那个检察官说，我知道这件事，那个自称政府稽查员的人是一个通缉犯。我心中的大石头落了下来。这次经验使我永难忘怀。至此，每当我开始焦虑担心的时候，我就用此经验来帮助自己跳出焦虑。”

是的，最坏的后果是什么？当这个后果出现时，我能面对它吗？我能承担它带来的责任吗？这是我们在焦虑时要自己问自己的几个重要的问题。如果最坏的结果在自己的接受范围内，那么你一定能轻松许多。

珍惜今天的人，才有资格谈明天

活着一天，就是有福气，就该珍惜。当你哭泣你没有鞋子穿的时候，你往往会发现有人却没有脚。

有一个美国商人去墨西哥旅游。他坐在墨西哥海边一个小渔村的码头上，看着一个墨西哥渔夫划着一艘小船靠岸。

小船上有好几尾大金枪鱼，美国商人就问渔夫：“要多少时间才能抓这么多鱼？”

渔夫说，才一会儿工夫就抓到了。美国人再问：“你为什么不待久一点，好多抓一些鱼？”墨西哥渔夫觉得不以为然：“这些鱼已经足够我一家人生活所需啦！”

美国人又问：“那么你一天剩下那么多时间都在干什么？”

渔夫解释：“我呀？我每天睡到自然醒，出海抓几条鱼，回来后跟孩子们玩一玩，再跟老婆睡个午觉，黄昏时晃到村子里喝点小酒，跟哥儿们玩玩吉他，我的日子过得充实又忙碌呢！”

美国人不以为然，帮他出主意，他说：“我是哈佛大学工商管理硕士，我倒是可以帮你忙！你应该每天多花一些时间去抓鱼，到时候你就有钱去买条大一点的船。自然你就可以抓更多鱼，再买更多渔船。然后你就可以拥有一个渔船队。到时候你就不必把鱼卖给鱼贩子，而是直接卖给加工厂。然后你可以自己开一家罐头工厂。如此你就可以控制整个生产、加工处理和行销。然后你可以离开这个小渔村，搬到墨西哥城，再搬到洛杉矶，最后到纽约，在那里经营你的企业。”

渔夫问：“这又得花多少时间呢？”

美国人回答：“15到20年。”

渔夫问：“然后呢？”

美国人大笑着说：“然后你就可以在家睡大觉了！时机一到，你就可以宣布股票上市，把你的公司股份卖给投资者。到时候你就发啦！你可以几亿美元地赚！”

“然后呢？”渔夫继续问。

美国人说："到那个时候你就可以退休啦！你可以搬到海边的小渔村去住。每天睡到自然醒，出海随便抓几条鱼，跟孩子们玩一玩，再跟老婆睡个午觉，黄昏时，晃到村子里喝点小酒，跟哥儿们玩玩吉他。"

渔夫疑惑地说："我现在不就是这样了吗？人的一生，到底在追求什么？"

人的一生，到底在追求什么？渔夫向我们发出了这么一个疑问。这个问题对于我们每个人都有现实意义。对于未来，一切都是未知数。但是享受生活，珍惜你所拥有的，却是我们可以把握的。

有一个一无所长的年轻人，感到自己生活得非常无聊。于是，他就去拜访一位哲人，希望哲人能够给他的未来指明一条道路。

哲人问他："你为什么来找我呢？"

年轻人回答道："我至今仍一无所有，恳请你给我指明一个方向，使我能够找到人生的价值。"

哲人摇了摇头，说："我感觉你和别人一样富有啊，因为每一天时间老人也在你的'时间银行'里存下了86400秒的时间。"

年轻人苦涩地一笑，说："那有什么用处呢？它们既不能被当作荣誉，也不能换来一顿美餐。"

哲人严肃地打断了他的话，问道："难道你不认为它们珍贵吗？那你不妨去问一个刚刚延误乘机的游客，一分钟值多少钱；你再去问一个刚刚死里逃生的'幸运儿'，一秒钟值多少钱；最后，你去问一个刚刚与金牌失之交臂的运动员，一毫秒值多少钱？"

听了哲人的一番话，年轻人羞愧地低下头。

哲人继续说道："只要你认识到时间的珍贵，去发现一件自己想做的事情，那你脚下的路就会慢慢明朗起来。”

只要我们珍惜拥有的，那么我们就是富有的。因为，我们每天都拥有 86400 秒的时间可以支配。如果你不珍惜，人生最宝贵的东西——时间就会像风一样从你的身边溜过，给日子留下一片苍白。当你懂得珍惜，知道让每一秒的时间都应该给生活涂上一抹色彩，那么你的人生自然就绚丽起来了。

你之所以迷茫，就是因为想得太多做得太少

从前，有两个朋友，相伴一起去遥远的地方寻找人生的幸福和快乐。一路上，两个人风餐露宿，在即将到达目的地的时候，遇到了一片风急浪高的大海，而海的彼岸就是幸福和快乐的天堂。关于如何渡过这片海，两个人产生了不同的意见：一个建议采伐附近的树木造成一条木船渡过海去；另一个则认为无论哪种办法都不可能渡得了这片海，与其自寻烦恼和死路，不如等这片海流干了，再轻轻松松地走过去。

于是，建议造船的人每天砍伐树木，辛苦而积极地制造船只，并顺带着学会游泳；而另一个则每天躺下休息睡觉，然后到河边观察海水流干了没有。直到有一天，已经造好船的朋友准备扬帆出海的时候，另一个朋友还在讥笑他的愚蠢。

不过，造船的朋友并不生气，临走前只对他的朋友说了一句话:

“去做一件事不见得一定能成功，但不去做则一定没有机会得到成功！”

能想到躺到海水流干了再过海，这确实是一个“伟大”的创意，可惜的是，这却是个注定失败的“伟大”创意。

这片大海终究没有干枯掉，而那位造船的朋友经过一番风浪最终到达了彼岸，这两人后来在这片海的两个岸边定居了下来，也都各自繁衍了许多子孙后代。海的一边叫幸福和快乐的沃土，生活着一群我们称为勤奋和勇敢的人；海的另一边叫失败和失落的原地，生活着一群我们称为懒惰和懦弱的人。

临渊羡鱼，不如退而结网。与其羡慕幻想，不如马上行动。有条件不做等于没有条件，没有条件可以在做的过程中创造条件。想法只有化作行动，才有达成愿望的可能，否则想法永远是想法。

想到了就去做，人的潜能是无法预测的。只要有了好的想法，然后立即行动，相信谁都可以成功，关键看你是否将想法付诸行动。

从前有两个和尚，一个很有钱，每天过着舒舒服服的日子；另一个很穷，每天除了念经外，就到外面去化缘，日子过得非常清苦。

有一天，穷和尚对有钱的和尚说：“我很想去拜佛，求取佛经，你看如何？”

有钱的和尚说：“路途那么遥远，你怎么去？”

穷和尚说：“我只要一个钵、一个水瓶、两条腿就够了。”

有钱的和尚听了哈哈大笑，说：“我想去也想了好几年，一直没成行的原因就是旅费不够。我的条件比你好，我都去不成，你又怎么去得了？”

然而，过了一年，穷和尚回来了，还带了一本佛经送给了有钱的和尚。有钱的和尚看他果真实现了愿望，惭愧得面红耳赤，一句话也说不出来。

我们并不能在行动之前把所有可能遇到的问题统统消除，但是我们可以在行动中克服各种困难。

正因为有不少人总想着等到有 100%把握了才行动，反而陷入了行动前的永远等待中。有的人甚至连一个小小的愿望都要等到所有条件都满足后才开始行动。你不可能等到所有条件都成熟后再行动。如果是那样，恐怕也就错过最佳的时机了。

正因为如此，很多人一辈子干不成一件事情，永远处于等待中。只有那些想到就马上动起来的人，才是真正能改变现状的人。

“想到就去做”这好像是一句广告词。说起来，人人皆知，可又有几个人能真的“想到就去做”呢?

美国成功学家格林演讲时，曾不止一次地对听众开玩笑说，全球最大的航空速递公司——联邦快递（FedEx）其实是他构想的。

格林没说假话，他的确曾有过这个主意。20 世纪 60 年代格林刚刚起步，在公司做中介工作，每天都在为如何将文件在限定时间内送往其他城市而苦恼。

当时，格林曾经想到，如果有人开办一个能够将重要文件在 24 小时之内送到任何目的地的服务，该有多好!

这想法在他脑海中停留了好几年，他也一直经常和人谈起这个构想，遗憾的是，他没有采取行动，直到一个名叫弗列德·史密斯的人（联邦快递的创始人）真的把它转换为实际行动。从而，格林也就与开创事业的大好机会擦身而过了。

格林用自己的故事现身说法：成功地将一个好主意付诸实践，比在家里空想出1000个好主意要有价值得多。没有行动，再远大的目标只是目标，再完美的设想也仅仅是设想，要想使其变为现实，必须付出行动。

可见，行动才是最终决定力量，无论你的计划多么详尽、语言多么动听，你不开始行动，就永远无法达到目标。在一生中，我们有着种种计划，若能够将一切憧憬都抓住，将一切计划都执行，那么，事业上所取得的成就将是多么的伟大！

不要让借口成为你的绊脚石

没有人与生俱来就会表现出能与不能，是你自己决定要以何种态度去对待问题。保持一颗积极、绝不轻易放弃的心去面对各种困境，而不要让借口成为你工作中的绊脚石。

世界上最容易办到的事是什么？很简单，就是找借口。狐狸吃不到葡萄，它就找出一个借口：葡萄是酸的。我们都讥笑狐狸的可怜，但我们又不自觉地为自己找借口。

在我们的日常生活中，常听到这样一些借口：上班晚了，会有"路上堵车""闹钟坏了"的借口；考试不及格，会有"出题太偏""题目太难"的借口；做生意赔了本有借口；工作、学习落后了也有借口……

只要有心去找，借口总是有的。

久而久之，就会形成这样一种局面：每个人都努力寻找借口来掩盖自己的过失，推卸自己本应承担的责任。于是，所有的过错，你都能找到借口来承担，借口让你丧失责任心和进取心，这对于你的生活和工作都是极其不利的。

没有人与生俱来就会表现出能与不能，是你自己决定要以何种态度去对待问题。保持一颗积极、绝不轻易放弃的心去面对各种困境，而不要让借口成为你工作中的绊脚石。

年轻的亚历山大继承了马其顿的王位后，拥有广阔的土地和无数的臣民，可这并不能满足他的野心。一次，亚历山大因一场小型战争离开故乡，他的目光被一片肥沃的土地吸引，那里是波斯王国。于是，他指挥士兵向波斯大军发起了进攻，并在一场又一场战斗中打败了对手。随后陷落的是埃及。埃及人将亚历山大视为神一般的人物。卢克索神庙中的雕刻表明，亚历山大是埃及历史上第一位欧洲法老。为了抵达世界的尽头，他率领部队向东，进入一片未知的土地。20 多岁的时候，他就已经击败了阿富汗的地区头领。接着，他又很快对印度半岛上的王侯展开了猛烈进攻……

在仅仅十多年的时间里，亚历山大就建立起了一个面积超过 200 万平方英里的帝国。因为他在任何情况下都不找借口，即使是条件不存在，他也毫不犹豫地去创造条件。

做事没有任何借口。条件不足，创造条件也要上。美国成功学家拿破仑·希尔说过这样一段话：“如果你有自己系鞋带的能力，你就有上天摘星的机会！”让我们改变对借口的态度，把寻找借口的时间和精力用到努力工作中来。因为工作中没有借口，失败没有借口，成功也不属于那些找借口的人！

第二次世界大战时期的著名将领蒙哥马利元帅在他的回忆录《我所知道的二战》中有这样一个故事：

“我要提拔人的时候，常常把所有符合条件的候选人集合到一起，给他们提一个我想要他们解决的问题。我说：‘伙计们，我要在仓库后面挖一条战壕，8 英尺长，3 英尺宽，6 英寸深。’说完就宣布解散。我走进仓库，通过窗户观察他们。

“我看到军官们把锹和镐都放到仓库后面的地上，开始议论我为什么要他们挖这么浅的战壕。他们有的说 6 英寸还不够当火炮掩体。其他人争论说，这样的战壕太热或太冷。还有一些人抱怨他们是军官，这样的体力活应该是普通士兵的事。最后，有个人大声说道：‘我们把战壕挖好后离开这里，那个老家伙想用它干什么，随他去吧！’”

最后，蒙哥马利写道：“那个家伙得到了提拔，我必须挑选不找任何借口地完成任务的人。”

一万个叹息抵不上一个真正的开始。不怕晚开始，就怕不开始。没有第一步，就不会有万里长征；没有播种，就不会有收获；没有开始，就不会有进步。因此，你千万不要找借口，再困难的事只要你尝试去做，也比推辞不做要强。

话说得好，成功来得早

青蛙和雄鸡有什么不同？生活在水边的青蛙，它们不分白昼黑夜，总是叫个不停，以此来显示自己的存在。可是，它们即使叫得口干舌燥、疲惫不堪，也没有谁会去注意它们到底在叫些什么。司晨的雄鸡，它只是在每天黎明到来的时候按时啼叫，然而，“雄鸡一唱天下白”，天地都要为之震动，人们纷纷开始新一天的劳作。两者比较起来，多说话又能有什么好处呢？只有准确把握说话的时机和火候，努力把话说到点子上，才能引起人们的注意，收到预想的效果。

其实，在我们的现实生活中，那些像青蛙一样，不顾时间、地点与场合，整天废话连篇的人还真是不少。夸夸其谈而不注重行动的人最令人反感，成功也永远不会光顾这些华而不实、光说不做的人。他们应当从这篇寓言中吸取教训，改掉夸夸其谈的坏毛病，向司晨的雄鸡学习，恪尽职守，多干实事，少说空话。废话不能改变什么，务实简洁、有效说话才是应有的说话方法。

在美国西点军校，有一个广为传诵的悠久传统，学员遇到军官问话时，只能有四种回答：“报告长官，是！”“报告长官，不是！”“报告长官，不知道！”“报告长官，我没有任何借口！”除此以外，不能多说一个字。久而久之，西点军校的学员就养成了一种雷厉风行、简洁有效的说话方式。正是凭借着这种说话方式，无数西点毕业生在人生的各个领域取得了非凡成就。

你也许会反驳：“既然人人要学少说话，那么干脆不说话好了。”

其实不然，少说话固然是美德，但人们既然生活在现实社会中，只能少说而不是完全不说。既要说话，又要说得少，且说得好，能够语言务实，有效说话，这才是好口才。

苏秦是战国时期的政治家、外交家，满腹经纶，智慧超人。他纵横六国，名扬天下，向他求学的人越来越多。他有个叫苏晋的侄儿，特别崇尚他的辩论技巧，便向他求教。苏秦给他指点了很多次，效果总是不明显。

于是，苏秦便给侄儿讲了一个小故事，他说："从前有个有钱人，非常喜欢钓鱼，为了显示他钓鱼的技巧，刻意装饰了他的钓具：用金子做鱼钩，用香木做鱼饵，用翡翠做垂子，在钓竿上还包上了绸缎，特别好看。可是，这么昂贵而又美丽的钓具竟然钓不上来一条鱼，你知道这是为什么吗？"

侄儿恍然大悟，说："我明白你的寓意了，言语务实最为重要。"

钓具是一种形式，钓鱼才是真正的内容，也就是目的。钓具应围绕钓鱼这个中心，否则一味追求形式，再漂亮的钓竿也钓不到鱼。同样的道理，言语再漂亮，如果空洞无物，那就是无意义的废话。

鲁迅说过："空谈之类，是谈不久，也谈不出什么来的，它最终被事实的镜子照出原形，拖出尾巴而去。"所以，我们要小心说话，而且要"说好话，会说话，有效说话"，话说出口之前先思考一下，不要莽莽撞撞地脱口而出，更不要漫无边际、侃侃而谈，要说实话，说有效的话，把话说到点子上。要想走向成功，有效说话也是关键！

你和梦想之间，只差一个行动

你付出行动了，说不定就能成功，但是不去做，就一定不会有机会成功。

世界上最远的距离是什么？是嘴和手之间的距离。当代人最缺的不是好的创意和构想，也不是能言善辩的雄辩口才，而是行动能力。一个人能否取得成功，不在于学了多少、说了多少、想了多少，而在于他做了多少。因此，说到和做到之间的距离确实可以算是最远的距离，当然也可以算是最近的距离。关键在于，你能不能“现在行动，马上去做”。

猫是老鼠的天敌，老鼠们因经常受到猫的袭击而感到十分苦恼。有一天，为了共同的利益，它们聚在一起开会，商量用什么办法对付猫的骚扰，以求平安。会上，多种方案提出来了，但都被否决了，最后一只小老鼠站起来提议，它说在猫的脖子上挂个铃铛，只要听到铃铛响，我们就知道猫来了，便可以马上逃跑。这真是个绝妙的办法，大家对这个建议报以热烈的掌声。

这一决议终于被全票通过，但决策的执行者却始终产生不出来，高薪奖励、颁发荣誉证书等等办法一个又一个地提出来，但无论什么高招，好像都无法执行这一决策。至今，老鼠还在自己的各种媒体上争辩不休，也经常举行会议……

这则寓言说明，仅有想法是无济于事的，你必须找到有效的执行方法。成功只会存在于行动中，无论你心中想象的是什么伟大的成就，没有行动，你就不可能成功。所以，想做的事，就立刻去做！

很多人抱怨自己有决心、有计划，就是不能成功。其实，这些人是非常愚蠢的，只守着成功的欲望，不行动，成功怎能垂青于你？好好想一想自己，是否每天都在下决心，然而每天都无所事事？是否自己胸怀大志，慷慨激昂，但是从来没有付出行动？记住，有了梦想和计划，就一定要动手去做，哪怕只是从一件很小的事情开始。做完一件事，你就会觉得向希望靠近了一步，自信心也能由此增加。否则，梦想永远遥遥无期。因为，成功只存在于行动中。

罗伯特·约翰逊是西伯里和约翰逊公司的合伙人之一，有一天他无意中了解到生物学家约瑟夫·利斯特关于细菌的研究成果，觉得大有可为。1886年，他们兄弟几个成立了自己的公司——约翰逊公司，并且开始推销他们的消毒纱布。随着医学界逐渐认识到细菌感染的威胁，形势开始对约翰逊兄弟有利了。到1910年，公司发展到需要40栋楼来生产医疗设备。1920年的一天，公司一位名叫厄尔·E.迪克森的职员给同事看了他在家里使用的自动粘贴绷带。厄尔用一小块纱垫粘在胶带上，从而把一些绷带粘在一起，用以保护家里人的割伤或擦伤。公司立即意识到了这项小发明的潜能，不久“邦迪创可贴”就进入了千家万户。

从这个故事里我们可以得知，成功只存在于行动中，没有行动，再好的想法也是空谈，就好比99℃的水少了1℃就不能沸腾。温水和开水的差别就在于这微不足道的1℃。然而，这一步之遥、一度之差又总是艰难和智慧的一跃，是成功与失败的分水岭。这一步，归根结底，就是行动。

一个好的主意，纵使有成百上千人听到，但真正会采取行动将其付诸实践的却往往寥寥无几。你付出行动了，说不定就能成功，但是不去做，就一定不会有机会成功。英国前首相丘吉尔曾指出，虽然行动不一定会带来满意的结果，但不采取行动就绝无满意的结果可言。所以，如果你想获得成功，就必须从行动开始，成功只会存在于行动之中。

万事为之则易，不为则难。凡事都可以在行动中出现转机。目标有难有易，但只要付诸行动，那么难的也会变得容易。不行动的话，容易的也会变得很困难。所以，从现在开始，行动吧！

这个世界，永远不会辜负努力的人

只瞄准，不射击，不是好猎手；只呐喊，不冲锋，不是好士兵。

著名科学家马萨森说："我们成功靠的不是智慧，而是靠不断的努力。付出一分耕耘，才能有一分收获。"只要付出了努力，即使前进的道路曲曲折折，但总有一天，上天会给你相应的回报。音乐家卡罗斯·桑塔纳在谈到他的成功理念时，说道："你应该拿出150%的努力，不管你做什么都要这样。因为只有付出的越多，你才能得到更多。"

卡洛斯·桑塔纳是一位世界级的吉他大师，他出生在墨西哥，17岁的时候随父母移居美国。由于英语太差，桑塔纳在学校的成绩非常糟糕。有一天，他的美术老师克努森把他叫到办公室，说："桑塔纳，我翻看了一下你来美国以后的各科成绩，除了'及格'就是'不及格'，真是太糟了。但是你的美术成绩却有很多'优'，我看得出你有绘画的天分，而且我还看得出你是个音乐天才。如果你想成为艺术家，那么我可以带你到旧金山的美术学院去参观，这样你就能知道你所面临的挑战了。”

几天以后，克努森便真的把全班同学都带到旧金山美术学院参观。在那里，桑塔纳亲眼看到了别人是如何作画的，深切地感到自己与他们的巨大差距。克努森先生告诉他说：“心不在焉、不求进取的人根本进不了这里。你应该拿出 150% 的努力，不管你做什么或想做什么都要这样。”克努森的这句话对桑塔纳影响至深，并成为他的座右铭。通过自己的不懈努力，2000 年，桑塔纳以《超自然》专辑一举获得了 8 项格莱美音乐大奖。

一个人难免有落魄或处于困境的时候，但不管面对什么样的境遇，不放弃任何希望，抓住各种机遇并付出 150%努力的人，是不会失败的。只要付出了一分努力，就必然能得到一分收获。

“一分耕耘，一分收获”的确不假，也许一分耕耘不能换来一分收获，但一分收获却必须有一分耕耘！成功不会从天而降，人必须付出行动，才能有所成就，天才和成功其实就是不懈努力和积极行动的结果。邮差弗雷德就是一个通过持之以恒的行动从平凡走向成功的典范。

一位每天穿梭于社区间的普通邮差似乎总也不能引起很多人的注意，其默默无闻又日复一日的简单劳作，怎么也让人无法理解他与杰出之间的密切关系。然而美国有一位叫弗雷德的邮差，用自己的行为改变了世人对这项工作的看法，也改变了许多人对自己工作的认识。以至于许多年来，弗雷德的故事在美国家喻户晓，各行各业的人们纷纷从邮差弗雷德那里得到启示。那么先看看弗雷德是如何从平凡走向优秀的吧：

每当弗雷德服务的小区有新住户搬来，他就会上门拜访，自我介绍，同时了解住户的职业、爱好，决定自己服务的方式；

如果有住户经常出差，他会向住户要一份日程表，主人不在家期间，他替主人把邮件打包保存，防止有小偷窥探到被塞满的邮箱，判断主人不在家而行窃；

如果有邮件投错了地址，弗雷德会设法找到正确的收件人，附上字条，解释清楚；

如果主人不在，他还要将邮件用鞋垫遮住，以避人耳目；

给住户写好感谢信，即使是自己递送，弗雷德也要自费贴上邮票，严格遵守邮局的规定。

几乎全世界的邮差都一样：一身蓝色的工作服，一个帆布的口袋，走街串巷。不同的是，弗雷德在传递信件、报刊、包裹的同时，传递了他对职业真诚的敬重，传递了富有想象力的热忱与体贴，传递了服务者与被服务者之间的人情和人性温暖的光芒。

在美国，有很多公司设立了“邮差弗雷德奖”，鼓励那些热爱工作、尽职尽责、创新服务的员工。

热爱并付出努力，坚持行动，是迈向成功的第一步。成功是辛勤的劳动的结果，一分耕耘，一分收获。只要你能像邮差弗雷德那样，即使处于平凡的岗位，只要通过自己的想象力和创造力，坚持努力，把平凡的工作做得无与伦比，就可以跨越平凡成为精英和杰出人才。

只瞄准，不射击，不是好猎手；只呐喊，不冲锋，不是好士兵。永远躺在摇篮里四肢会萎缩；永远待在黑暗中，双目会失明。所以，不要为失败而彷徨，更不要畏缩不前，只要我们坚持行动，付出努力，就一定会穿过暴风雨，到达成功的彼岸。

你只需努力，剩下的交给时光

假如现在你身处不幸，那么，请丢掉别人会来帮助你的幻想，自己解救自己吧。如果你表现得坚强，上天也许会给你一个机会；如果你软弱，即便上天给你机会，你也抓不住。

“自助”其实很简单，就是自己帮助自己。“自助者天助之”就是说只有自助的人上天才会眷顾他。也许人们会说，谁不希望自己得到上天的眷顾呢？又有谁不关注自己的命运？但人世间庸碌平凡者众，成功者少啊！是的，这些都是事实，但我们不应忘记一个前提，所谓“自助”是一个主动过程，而不仅仅是停留在希望和祈望之中。

有一个信徒遇到了一件麻烦事，他走进庙里，跪在观音像前叩拜，希望观音菩萨能够给予自己力量和帮助。当他叩完头时，抬头看见身边有一个人也在那里叩拜，让人惊奇的是，那个人长得和观音一模一样。

等那个人叩拜完毕，信徒忍不住好奇地问：“世界真是无奇不有，你长得与观音菩萨竟然一模一样！难道你就是观音菩萨？”

“没错！我就是观音。”那个人回答道。

信徒更加奇怪了，接着问：“既然你本人就是观音菩萨，那你为何还要来此地虔诚地叩拜呢？”

“因为我遇到了一件非常困难的事情啊。”观音菩萨笑道，“但是，求神又有什么用呢？我只知道求人不如求己。”

俗话说得好：“遇事先求己，麻烦少三分。”菩萨尚且如此，更何况我们凡人呢？所以，我们必须先自助，然后才会有天助。如果自己不想办法解决问题，坐等别人的帮助，寄希望于命运的安排，那么最后的结果往往很悲惨。

战国时期，诸侯争霸。当时，强大的赵国想攻打燕国，而要实现这个计划，赵国必须先要攻破夹在燕赵之间的梁国。于是赵国兴师动众，派了十万大军去攻打仅仅只有四千人的梁城，危难之机，梁王向善于守城的墨家去求救，希望他们能派一队人马帮助他们抵御住赵国的入侵，而最后他们等来的却仅仅是一个墨者。但这个墨者率领着四千人制造了许多先进的守城械具和武器。结果，这四千人靠着自己的不懈奋战，在墨者的率领下击退了十万大军，守住了城池。

所以，自助者天助之，如果这四千人不自助，即便有十万雄兵相助，说不定也会败下阵来。真正的墨者，就是他们自己。对于我们来说，也是如此。能够拿起来的武器就是我们自己的实力、信念和理想。只有在共同的价值观之下产生的合作才是一个永恒的、能够产生真正价值的合作。这样梦想有多高，就能飞多高。

俗话说：“不虚心，不知事；不实心，不成事。”正视困难是自助的前提，平和心态是自助的基础，增强信心是自助的保证，不懈努力是自助的途径。

自助是一种长期的人生准备和追求，其结果是水到渠成。自助者一定是有明确的人生目标的人，一定是为了实现自身的人生规划积极准备的人。任何一个成功故事，都有它的必然性，也就是为成功付出的努力和不懈的追求。

真正的自助者是令人敬佩的觉悟者，他会藐视困难，而困难在他的面前也会轰然倒塌。这一过程简直有如天助。其实，真正的自助者就像黑夜里发光的萤火虫，不仅会照亮自己，而且能赢得别人的欣赏。而当人们欣赏一个人时，往往会愿意帮助他。这就是为何自助者会有“天助”的原因。

人的一生当中难免遭遇各种不幸、挫折，只要你还不放弃，就没有跨过不去的坎。请相信“自助者天助之”，上天一定不会舍弃那些自强不息的人。

第九章

世上没有立竿见影的努力，也没有全然无用的经历

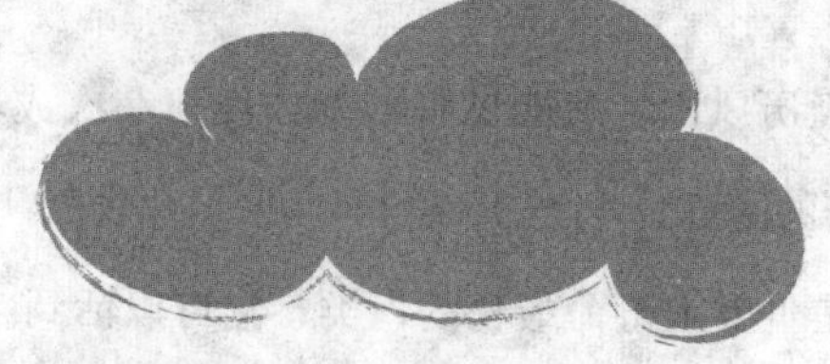

这个世界很残酷，但我们不能认输

“不经历风雨，怎能见彩虹”，任何一次成功都要经过艰辛的奋斗和痛苦的磨炼。

老鹰是世界上寿命最长的鸟类，它可以活到 70 岁。要活那么长的寿命，它在 40 岁时必须做出艰难却重要的决定。

当老鹰活到 40 岁时，它的爪子开始老化，无法有效地抓住猎物；它的喙变得又长又弯，几乎碰到胸膛；它的翅膀变得十分沉重，因为它的羽毛长得又浓又厚，使得飞翔十分吃力。

它只有两种选择：等死，或经过一个十分痛苦的更新过程。

老鹰要经过 150 天漫长的历练，很努力地飞到山顶，在悬崖上筑巢，停留在那里，不得飞翔。

老鹰首先用它的喙击打岩石，直到完全脱落。然后静静地等候新的喙长出来。

它会用新长出的喙把趾甲一根一根地拔出来。当新的趾甲长出来后，它们便把羽毛一根一根地拔掉。5 个月以后，新的羽毛长出来了。这个时候，老鹰才能开始飞翔，重新得到 30 年的岁月！

在我们的生命中，有时候我们也必须做出艰难的决定，然后才能获得重生。我们必须把旧的习惯、旧的传统抛弃，使我们可以重新飞翔。只要我们愿意放下旧的包袱，愿意学习新的技能，我们就能发挥我们的潜能，创造新的未来。

乔·路易斯，世界十大拳王之一，可以说是历史上最为成功的重量级拳击运动员，在长达 12 年的时间里，他曾经让 25 名拳手败在自己的拳下。

自从上学以后，乔伊·巴罗斯就成了同学嘲弄的对象。也难怪，放学后，别的 18 岁的男孩子进行篮球、棒球这些“男子汉”的运动，可乔伊却要去学小提琴！这都是因为巴罗斯太太望子成龙心切。20 世纪初，黑人还很受歧视，母亲希望儿子能通过某种特长改变命运，所以从小就送乔伊去学琴。那时候，对于一个普通家庭来说，每周 50 美分的学费是个不小的开销，但老师说乔伊有天赋，乔伊的妈妈觉得为了孩子的将来，省吃俭用也值得。

但同学不明白这些，他们给乔伊取外号叫“娘娘腔”。一天乔伊实在忍无可忍，用小提琴狠狠砸向取笑他的家伙。一片混乱中，只听“咔嚓”一声，小提琴裂成两半儿——这可是妈妈节衣缩食给他买的。泪水在乔伊的眼眶里打转，周围的人一哄而散，边跑边叫：“娘娘腔，拨琴弦的小姑娘……”只有一个同学既没跑，也没笑，他叫瑟斯顿·麦金尼。

别看瑟斯顿长得比同龄人高大魁梧、一脸凶相，其实他是个热心肠的好孩子。虽然还在上学，瑟斯顿已经是底特律“金手套大赛”的卫冕冠军了。“你要想办法长出些肌肉来，这样他们才不敢欺负你。”他对沮丧的乔伊说。瑟斯顿不知道，他的这句话不但改变了乔伊的一生，甚至影响了美国一代人的观念。虽然日后瑟斯顿在拳坛没取得什么惊人的成就，但因为这句话，他的名字被载入拳击史册。

当时，瑟斯顿的想法很简单，就是带乔伊去体育馆练拳击。乔伊抱着支离破碎的小提琴跟瑟斯顿来到了体育馆。“我可以先把旧鞋和拳击手套借给你，”瑟斯顿说，“不过，你得先租个衣箱。”租衣箱一周要 50 美分，乔伊口袋里只有妈妈给他这周学琴的 50 美分，不过琴已经坏了，也不可能马上修好，更别说去上课了。乔伊狠狠心租下衣箱，把小提琴放了进去。

开头几天，瑟斯顿只教了乔伊几个简单的动作，让他反复练习。一个礼拜快结束时，瑟斯顿让乔伊到拳击台上来，试着跟他对打。没想到，才第三个回合，乔伊一个简单的直拳就把“金手套”瑟斯顿击倒了。爬起来后，瑟斯顿的第一句话就是：“小子，把你的琴扔了！”

乔伊没有扔掉小提琴，但他发现自己更喜欢拳击，每周 50 美分的小提琴课学费成了拳击课的学费，巴罗斯太太懊恼了一阵后，也只好听之任之。不久乔伊开始参加比赛，渐渐崭露头角。为了不让妈妈为他担心，乔伊悄悄把名字从“乔伊·巴罗斯”改成了“乔·路易斯”。

5 年以后，23 岁的乔已经成为重量级世界拳王。1938 年，他击败了德国拳手施姆林，当时德国在纳粹统治之下，因此乔的胜利意义更加重大，他成了反法西斯者心中的英雄。但巴罗斯太太一直不知道人们说的那个黑人英雄就是自己“不成器”的儿子。

漫漫人生，人在旅途，难免会遇到荆棘和坎坷，但风雨过后，一定会有美丽的彩虹。任何时候都要抱乐观的心态，任何时候都不要丧失信心和希望。失败不是生活的全部，挫折只是人生的插曲。虽然机遇总是飘忽不定，但朋友，只要你坚持，只要你乐观，你就能永远拥有希望，走向幸福。

你必须学会坚强，才经得住世事刁难

人生并非处处顺利平坦、尽是莺歌燕舞，总是伴随着几多不幸、几多烦恼。一旦遭遇不顺和困难，你必须学会坚强，因为一切都会慢慢好起来的。

“一切都会好起来的”，这句话很简单，却很有道理。

现在说起梅西，估计没有几个人不认识他。

20 岁的梅西身高 169 厘米，体重 68 千克，被人们认为是又一个马拉多纳的化身。马拉多纳对这位小老乡的评价是：“梅西是一位天才球员，前途不可限量。”

梅西 12 岁时来到巴塞罗那，在青年队中锤炼五年后进入一线队，他在 2004 年的南美青年锦标赛上打进 7 球而成为最佳射手。现在，他和小罗已经成为巴塞罗那队边路最活跃的棋子。某些时候，梅西的光芒甚至盖过了世界足球先生小罗，毫无疑问，巴塞罗那和阿根廷的未来，属于梅西。

但是你绝对不知道，梅西也曾经有过一段痛苦的往事。作为一个天才球员，他差点儿因为身体条件的原因而被埋没了。

1987 年 6 月 24 日，在阿根廷圣塔菲尔省的罗萨里奥中央市，继两个哥哥之后，梅西降生了。这个穷人家的孩子，身体孱弱，妈妈无暇照顾弱小的梅西，把他寄养在辛迪亚家，两人从幼儿园到小学一直在一起，辛迪亚见证了梅西童年所有的艰辛和欢乐，而梅西也把辛迪亚当成这个世界上唯一可以倾诉的人。

作为梅西最痴心的球迷，辛迪亚珍藏着梅西为各个俱乐部效力时穿过的各种款式的球衣。辛迪亚总是坐在高高的看台上，看着他的英雄演出，她比任何人都更早而且更坚定地相信着梅西的足球天赋。那是一段多么幸福的时光。可惜美好的光阴总是容易逝去，11 岁的梅西被查出患有荷尔蒙生长素分泌不足，这将影响他骨骼的健康发育，也就是说，他将在 140 厘米的高度停滞不前。纽维尔斯老男孩俱乐部不想再为还未成名的梅西掏出每月 800 美元的治疗费用，梅西只能和父亲远赴他乡，去西班牙求助。那是在最后一场比赛后绝望的辞行，13 岁的梅西抱着辛迪亚号啕大哭，而辛迪亚抱着他说："不哭不哭，坚强点儿小不点儿，坚强点儿小不点儿，一切会好起来的。"

情况真的好了起来，他通过治疗长到了近 170 厘米，并在巴塞罗那如鱼得水，天赋尽显，无论是里杰卡尔德的肯定，还是其他教练的赞誉，甚至马拉多纳也亲自给他打电话进行鼓励，这都在向全世界发布一个信息：梅西已经与从前大不相同。小罗说："只有梅西才能骑在我的背上，我们是好兄弟。"

现在的梅西，因为足球集万千宠爱于一身，媒体、教练、队友、球迷把他当明星、孩子、兄弟、偶像般看待。但是在他内心里，他永远都忘不了辛迪亚在他耳边说"坚强点儿小不点儿，一切会好起来的"。

别因为害怕失败，就拒绝所有尝试

往往，最后的成功正是孕育在千百次的失败之中。其实，成功与失败并没有绝对不可跨越的界限，成功是失败的尽头，失败是成功的黎明。失败的次数愈多，成功的机会亦愈近。

有个年轻人去微软公司应聘，但该公司并没有刊登过招聘广告。见总经理疑惑不解，年轻人用不太娴熟的英语解释说，自己是碰巧路过这里，就进来了。总经理感觉很新鲜，破例让他一试。面试的结果出人意料，年轻人表现糟糕。他对总经理的解释是事先没有准备，总经理以为他不过是找个托词下台阶，就随口应道："等你准备好了再来试吧。"

一周后，年轻人再次走进微软公司的大门，这次他依然没有成功。但比起第一次，他的表现要好得多。而总经理给他的回答仍然同上次一样："等你准备好了再来试。"就这样，这个年轻人先后五次踏进微软公司的大门，最终被公司录用，成为公司的重点培养对象。

再试一次，你就有可能达到成功的彼岸。

任何成功都不是轻而易举得来的。无论你遇到多么大的挫折，遭遇多么大的困难，你都要告诉自己："我绝对不能退缩，只需努力尝试，就能成功！"

事业取得成功的过程，实际上就是不断战胜失败的过程。因为任何一项大小事业要取得相当的成就，都会遇到困难，难免要犯错误、遭受挫折和失败。例如，在工作上想搞改革，越革新矛盾越突出；学识上想有所创新，越深入难度越大；技术上想有所突破，越攀登险阻越多。著名科学家法拉第说：“世人何尝知道，那些经由科学研究工作者头脑里的思想和理论当中，有多少被他自己严格的批判、非难的考察，而默默地、隐蔽地扼杀了。就是最有成就的科学家，他们得以实现的建议、希望、愿望以及初步的结论，也达不到1/10。”这就是说，世界上一些有突出贡献的科学家，他们成功与失败的比例是 1 ： 10。至于一般人，与这个比例比当然要低得多。因此，在迈向成功的道路上，能不能经受住错误和失败的严峻考验，是一个非常关键的问题。

由于出现错误，遭受挫折和失败，有人就徘徊不前，半途而废；有人就唉声叹气，激流而退；有人则悲观失望，自暴自弃。然而，错误和失败并不因为人们的不快、悲叹、惊慌和恐惧而不再光临。相反，怕犯错误，怕遭失败，却往往会犯更大的错误，遭更多的失败。所以，对待错误和失败应该有科学的认识和正确的态度。

闻名于世的大作曲家贝多芬说：“卓越的人的一大优点是：在不利于己的遭遇里百折不挠。”从事任何一项事情，先要决定志向，志向决定以后，就要全力以赴毫不犹豫地去实行。

法国作家凡尔纳年轻时写的第一本著作，是名为《气球上的五星期》的科学幻想小说。

当他兴高采烈地将自己的处女作送给一家出版社时，总编辑翻了书稿后，感到书中说的尽是不切实际的幻想，而且写作手法也离经叛道，便婉言拒绝出版。

在一连被 15 家出版社拒之门外之后，凡尔纳开始灰心丧气。他坐在火炉旁撕开手稿，一张一张地往火炉里扔。幸亏他的妻子及时发现，才阻止了他的焚书行动，并劝他再试一次。凡尔纳第二天又将书稿整理好送到第16家出版社。出乎意料，这家出版社独具慧眼，不仅立即给予出版，而且与凡尔纳签订了为期20年的合同，要凡尔纳把今后写的全部科幻小说交给他们出版。

《气球上的五星期》出版后，立即轰动文坛，凡尔纳一举成名。

成功往往就在于——面对失败不退缩。试想，凡尔纳如果不跑这第16家出版社，还会有这部不朽的传世名作吗？还会有大作家凡尔纳吗？所以，遇到挫折，千万不能退缩，不能轻易放弃。只有努力尝试，才能成功。

犯错误、遭受挫折和失败，这是坏事。错误和失败造成的困惑是痛苦的。但是，在迈向成功的道路上，错误和失败是不可避免的，它具有重要的价值。

任何成功都包含着失败，每一次失败都是通向成功不可跨越的台阶。爱因斯坦指出："正确的结果，是从大量错误中得出来的，没有大量错误做台阶，也就登不上最后正确结果的高峰。"有志气有作为的人，并不是因他们掌握了什么走向成功的秘诀，而恰恰在于他们在失败面前不唉声叹气、不悲观失望。

大发明家爱迪生经过几千次的失败，才最终发明了电灯，给世界人民带来了黑夜中的光明。他在总结这段经历时说："我对电灯问题，钻研最久，试验最苦，但是从未灰心，更不信它试验不成！失败和成功对我一样有价值。"

著名药物学家欧立希发明一种名叫砷矾纳明的新药，这种药能够治疗梅毒病和昏睡病。他在试制过程中，遭受过605次失败，这使他痛苦万分，但他并未就此止步，而是继续坚持试验，终于在第606次试验中取得了成功。因此，欧立希把这种新药命名为“606”。一盏电灯要试验几千次，一种新药要试验几百次，这中间经历了多少艰辛！

成功与失败的差距只在完全做对一件事情和几乎做对一件事情。如果你能在挫折面前不退缩，那么，你一定能走向成功。

穿过黑暗的夜，才懂黎明的晨

忍耐和坚持是痛苦的，但它会带来无尽的好处。

忍耐是一种修养。我们常常说用人要坚持德才兼备的条件。所谓德才兼备，其中就包括忍耐。有人说，有才必须忍耐，忍耐才能有德，一语道破天机！综观历史，凡有作为的成功者都能够严加修养，学会忍耐。

凡·高在成为画家之前，曾到一个矿区当牧师。有一次他和工人一起下井，在升降机中，他陷入巨大的恐惧中。颤颤巍巍的铁索轧轧作响，箱板在左右摇晃，所有的人都默不作声，任凭这机器把他们运进一个深不见底的黑洞——这是一种进地狱的感觉。事后，凡·高问一个神态自若的老工人：“你们是不是习惯了，不再感到恐惧了？”这位坐了几十年升降机的老工人答道：“不，我们永远不习惯，永远感到害怕，只不过我们学会了克制。”

有些生活，你永远也不会习惯，但只要你活着，这样的日子你还得一天一天过下去，所以你就得学会克制，学会忍耐。你不习惯黑夜，但黑夜每天适时而来，你忍耐着，天就亮了；你不习惯寒冷的冬季，但冬天的脚步渐渐逼近，你忍耐着，那春天还会远吗？面对日子，把最坏的都挨过去，剩下的也就是好的了。

有一位年轻人毕业后被分配到一个海上油田钻井队工作。在海上工作的第一天，领班要求他在限定的时间内登上几十米高的钻井架，把一个包装好的漂亮盒子拿给在井架顶层的主管。年轻人抱着盒子，快步登上狭窄的、通往井架顶层的舷梯；当他气喘吁吁、满头大汗地登上顶层，把盒子交给主管时，主管只在盒子上面签下自己的名字，又让他送回去。于是，他又快步走下舷梯，把盒子交给领班，而领班也是同样在盒子上面签下自己的名字，让他再次送给主管。

年轻人看了看领班，犹豫了片刻，又转身登上舷梯。当他第二次登上井架的顶层时，已经浑身是汗，两条腿抖得厉害。主管和上次一样，只是在盒子上签下名字，又让他把盒子送下去。年轻人擦了擦脸上的汗水，转身走下舷梯，把盒子送下来，可是，领班还是在签完字以后让他再送上去。

年轻人很愤怒，但他尽力忍着不发作，擦了擦满脸的汗水，抬头看着那已经爬上爬下了数次的舷梯，抱起盒子，步履艰难地往上爬。当他上到顶层时，浑身上下都被汗水浸透了，汗水顺着脸颊往下淌。他第三次把盒子递给主管，主管看着他慢条斯理地说："把盒子打开。"

年轻人撕开盒子外面的包装纸，打开盒子——里面是两个玻璃罐：一罐是咖啡，另一罐是咖啡伴侣。年轻人终于无法克制心头的怒火，把愤怒的目光射向主管。主管又对他说：“把咖啡冲上。”此时，年轻人再也忍不住了，“啪”的一下把盒子扔在地上，说：“我不干了。”说完，他看看扔在地上的盒子，感到心里痛快了许多，刚才的愤怒发泄了出来。

这时，主管站起身来，直视他说：“你可以走了。不过，看在你上来三次的分儿上我可以告诉你，刚才让你做的这些叫作‘承受极限训练’，因为我们在海上作业，随时会遇到危险，这就要求队员们有极强的承受力，承受各种危险的考验，只有这样才能成功地完成海上作业任务。很可惜，前面三次你都通过了，只差这最后的一点点，你没有喝到你冲的甜咖啡，现在你可以走了。”

我们都不会否认坚持对于我们成功的重要性，可我们却常常在现实的坚持过程中对所遇的挑战宣布我们的力不从心，宣布我们的无法承受，从而也放弃了属于自己的那份成功。其实，要坚持下去，很多情况下，我们首先要对自己坚持的事物、对自己的选择充满信心，并在挑战的过程中学会忍耐，忍耐挑战过程中的“无法承受”，享受挑战过程中的“无法承受”。

革命家陶铸说得好：心底无私天地宽。只有心地纯正的人，胸怀才能宽广，性情才能开朗。当发生矛盾时，才会严于律己，宽以待人，有忍让之心，不斤斤计较。当受到委屈时，应能忍辱负重，不反唇相讥、以眼还眼、以牙还牙。

在有些人的眼中，忍耐常常被视为软弱可欺。而实质上，忍耐是一种修养，是在经历了暴风骤雨的洗礼后，自然所生的一种涵养。忍耐能够磨炼人的意志，使人处世沉稳。忍耐可以使人以坚强的心志和从容的心态面对人生。假如失去忍耐，就会造成可悲的结局。

忍耐是一种理智，是一种美德，是一种成熟。忍耐是一种追求的策略，一个追求更大成功的人，往往在关键时刻，不得不忍气吞声。

坚忍是构成性格的最重要的基石之一。一个坚忍的人，会永远含着微笑，从容迎接人生旅程上的风吹雨打。要知道，每个人都是哭着来到这个世界上的，或许这正意味着人的一生肯定有许多的坎坷。面对一生中数不清的困难及痛苦，你能做到坚韧不拔吗?

英国哲学家罗素说过："希望是坚忍的拐杖，忍耐是旅行袋，携带它们，人可以登上永恒之旅。"

火山爆发的场面固然磅礴震撼，但没有平时的默默积累，哪来岩浆喷薄而出的壮观? 所以，你现在要做的，就是学习岩浆，学会忍耐，努力把自己烧得更热，总有一天，你必将破岩而出，一飞冲天!

你不必努力活得和别人一样

做事做人都不要过分地苛求自己，这个世界上是没有所谓的完美标准。过分地追求完美只会给自己带来烦恼。

龙王住在海底深处，传说它是水族中的至尊，水中的一切动物都是它的臣民。龙王还能呼风唤雨，它的一举一动都会给民间百姓带来很大影响。因此，民间的百姓虽不是水族动物，也同样对龙王顶礼膜拜。

一天，龙王出外巡游，在海滨遇上了一只青蛙。龙王和青蛙相互致意后，便友好地攀谈起来。

青蛙问："龙大王您居住的地方是什么样呀？"

龙王说："我住在宫殿里，那不是一般的宫殿，那是用珍珠宝石建造的，里面珠光宝气、金碧辉煌。"

接着，龙王又问青蛙："那么你的住所又是什么样的呢？"

青蛙说："我住的地方嘛，在山间小溪边，那里有绿色的苔藓和碧绿的青草，还有清亮的泉水和洁白的山石。"

龙王说："你为什么不弄成我那样的宫殿呢？"

青蛙笑笑说："那我也太苛求自己了吧！我现在住的地方很美丽，心情也不错。您的宫殿虽然完美，却不是我的理想。"

世上万事万物的差别是很大的，没有必要强求一个标准、一种模式。没有最好的，只有最适合你的。一味追求完美，或者苛求自己，只能害了你自己。

苏珊是一个典型的完美主义者。虽然这对她的工作有帮助，但当这种品质使她对自己要求太严，并且根本无法接受错误时就对她造成了伤害。

苏珊总是力求完美，一直用近乎苛刻的标准要求自己。一旦犯了错误，她就放不下，这个错误会使她感到丢脸、烦恼、彻夜失眠并且回避他人。

设定高标准、努力工作并没有错，但当这种高标准让你在情感上无比痛苦或让你无法得到成功或幸福时，那就是苛求自己，就是错误了。

在这个世界上，每个人都以自己独特、富有个性的方式而自由地存在，从而构筑了千姿百态、纷繁复杂、气象万千的人类社会。社会是一个大舞台，生旦净末丑，粉墨登场，但没有后台、没有化妆室、没有剧本、没有导演、没有策划，也没有灯光、道具、音响、烟火，每个角色都以自己的本色露脸。

你可能显赫、富有，但并不表示你拥有美满的生活。如果你有一份称心如意的工作，有一个温馨的家，有一个温柔而且贤惠的妻子和一个活泼可爱的孩子，他们爱你，就像你爱他们，那么，一切已经足够，我们并不需苛求自己追逐过剩的名利。

做人，没必要和自己过不去。看开点，随缘任性才能活得潇洒，才能得到内心的快乐。

有家公司里有一位陈经理，同事都很羡慕他，羡慕他活得比较洒脱，对他来说好像没有什么事是难事，没有什么事可以影响他的好心情。

他今年已经50岁了，但是精神饱满、活力充沛，完全像是一个年轻人，很多同事经常问他保养的秘诀，他都只说一句话“别为难自己”。

简单的一句话，却包含着太多的哲理。你看看身边的朋友，经常为了收入低、工作忙、买房子而愁眉不展，苍老了一颗年轻的心。

别苛求自己，不是安于现状、听天由命、不思进取，也不是纵容自己、姑息自己，而是为人立世豁达一些、随和一些、开朗一些、洒脱一些、宽容一些，要学会珍惜自己、善待自己、欣赏自己、爱自己。

假如真的困了、倦了，不妨听听音乐和流行歌曲，读读报纸杂志，参加朋友的聚会，唱唱卡拉 OK，跳跳舞；假如感到苦恼，感到压抑，何妨躺在绿茵茵的草地上，看看蓝天白云和掠过头顶的小鸟，或到野外走走，散散心，闻闻泥土和庄稼的清香，再采一束野花送给自己。

别放弃，世界不好意思一直拒绝你

绝望是杀手，它摧毁我们的意志，折磨我们的肉体，试图把我们逼上死路，但只要我们永不绝望，那么无论在任何情况下，希望的火把都会为我们燃烧着指明方向。

一个人不可能总是一帆风顺的，在时运不济时永不绝望的人就有希望。诸葛孔明六出祁山，是什么在支撑着他？是财富？是官爵？都不是，是精神，是一种“永不绝望”的精神。每一个人都有自己人生的最高理想。然而，却只有极少数的人成功地步入自己的理想领域。由此说来，多数人缺少的便是这种永不绝望的精神。我们必须承认，生活中的挫折有时的确惊人、可怕。但可以这样说，重大的挫折压倒的，只是人的躯壳，而它万万压不倒的是人们“永不绝望”的精神！

在生死攸关的情况下，这种永不绝望的精神更是显得珍贵，甚至它就是我们性命之所系。

那是在1966年的夏天。一天，德国南部的一个煤矿发生塌坑事故，有 16 人埋在坑道里，矿工家属们拥挤在矿坑口喊叫着“我丈夫怎么样啊？”“我父亲还活着吧？快点救呀！”这些母亲、妻子、儿女、兄弟姐妹，他们都诚恳地向上帝祷告：救救我们家那个干活的人吧！他们哭喊着，对正在进行的救助工作投以全部希望。

这时，联络线传来消息：“16 个人中有 15 名平安无事。”接着，又念出了 15 个人的名字。这 15 个人的家属大大松了一口气。

可是，在幸存者的名单中却没有念到一名叫布列希特的青年矿工的名字。他才刚结婚两天，他那年轻的妻子叫着：“我丈夫布列希特不行了吗？”她的嘴唇颤抖，强忍悲痛。

“不，还不能这么说，我们呼喊过他的名字，但没得到回答。所以，还不确定他在什么地方，在情况还没最后弄清前请不要灰心，我们一定会把他救出来。”救助队的负责人眼望这位刚刚结婚的妙龄新娘，怜悯之情油然而生。

“我相信布列希特一定活着，请无论如何也要把他救出来！”这位少妇两只盈满泪水的大眼睛里，透出一种强烈的愿望，充满了对救护队长的哀求之意。

她始终坚定地相信丈夫还活着，把全部思念之情倾注在坑道里的丈夫身上。她对着地下坑道喊叫着：“你要振作精神活下去呀，为了你和我，你不能死。他们一定会救出你的。”而这位布列希特，在矿坑塌陷的一刹那间，仓皇逃跑弄错了方向，和其他人失散了。所以独自一人被埋在坑道间隙的一小块场地里，加上被隔离的地方与地面联络线路相距很远，所以，他就像深锁在孤独的密室里一样，与外界完全断绝了。他在 600 米的地下，强忍着饥饿和阴暗环境的侵袭，费尽心力，使他那生命之灯继续点燃下去。

事故发生后，已经过了整整 13 个小时之久。突然，在他耳边出现了他妻子的声音，虽然声音很小，但还能依稀可辨。“你要挺住！要活下去！他们一定会救出你的。”啊，这是多么清晰而亲切的声音，爱人在呼唤着自己！我不能死，要活下去！布列希特深埋在黑暗塌坑里，一直用妻子的鼓励支撑着他那即将衰竭的身体。

妻子在坑外心急如焚。她不断地向地下的丈夫呼叫，声音都已经嘶哑，对周围人们轻蔑的表情和不可思议的目光毫不理睬。她坚定地相信，自己的声音一定能传给坑道内的丈夫。抢救工作格外困难，由于抢救不及时，原来幸存的 15 个人被抬出坑口的时候，已经是 15 具尸体。他们的家属悲痛欲绝，号啕大哭。只剩下布列希特一个人了。到第六天，奇迹出现了：他被救出来时仍然活着。

“我能在黑暗的矿坑里活到现在，全靠妻子的鼓励，没有她的持续不断的喊声恐怕我早已绝望而死了。”青年矿工以充满对心爱妻子的感激之情向人们诉说着。

这就是希望的神奇力量，它能支撑人的生命，若不是矿工和他妻子两人都未绝望，恐怕事情就是另一个结局了。

无独有偶，在那年的英吉利海峡也发生过一件类似的事。

1966 年 10 月，一个漆黑的夜晚，在英吉利海峡发生了一起船只相撞事件。一艘名叫“小猎犬号”的小汽船跟一艘比它大十多倍的航班船相撞后沉没了，104 名搭乘者中有 11 名乘务员和 14 名旅客下落不明。

艾利森国际保险公司的督察官弗朗西斯从下沉的船身中被抛了

出来，他在黑色的波浪中挣扎着。他觉得自己已经气息奄奄了。但救生船还没来。渐渐地，附近的呼救声、哭喊声低了下来，似乎所有的生命全被浪头吞没，死一般的沉寂在周围扩散开去。弗朗西斯觉得他生存的希望已经渐渐消失，他就快要绝望了。就在这令人毛骨悚然的寂静中，出人意料地突然传来了一阵优美的歌声。那是一个女人的声音，歌声丝毫没有走调，而且也不带一点儿哆嗦。那歌唱者简直像面对着客厅里众多的来宾在进行表演一样。

弗朗西斯静下心来倾听着，一会儿就听得入了神。教堂里的赞美诗从没有这么高雅，大声乐家的独唱也从没有这般优美。寒冷、疲劳刹那间不知飞向了何处，他的心境完全复苏了。他循着歌声，朝那个方向奋力游去。靠近一看，那儿浮着一根很大的圆木头，可能是汽船下沉的时候漂出来的。几个女人正抱住它，唱歌的人就在其中，她是个很年轻的姑娘。大浪劈头盖脸地打下来，她却仍然镇定自若地唱着。在等待救生船到来的时候，为了让其他妇女不丧失力气，为了使她们不致因寒冷和失神而放开那根圆木头，她用自己的歌声给她们增添着精神和力量。就像弗朗西斯借助姑娘的歌声游靠过去一样，一艘小艇也以那优美的歌声为导航，终于穿过黑暗驶了过来。于是，弗朗西斯、那唱歌的姑娘和其余的妇女都被救了上来。

所以，在面对绝境的时候，你可以选择垂头丧气地哭泣或哀号，绝望地将自己交与命运之手；你也可以选择把恐惧扔在一边，像那姑娘一样唱支动听的歌，鼓舞自己，给自己点燃希望。

成就大事，从小事做起

要成就一番大事业，必须从小事做起。小事情往往具有大价值，一个人如果有对小事不屑一顾的心态，那么，碰到大事情是应付不了的，正所谓：“一屋不扫，何以扫天下？”

有一位年轻人叫科波菲尔，内心一直被对生活的不满和内心的不平衡折磨着，直到一个夏天与同学尼尔尼斯乘渔船出海，才让他一下子懂得了许多。

尼尔尼斯的父亲是一个老渔民，在海上打鱼打了几十年，科波菲尔看着他那从容不迫的样子，心里十分敬佩。

科波菲尔问他：“每天你要打多少鱼？”

他说：“孩子，打多少鱼并不是最重要的，关键是只要不是空手回去就可以了。尼尔尼斯上学的时候，为了缴清学费，不能不想着多打一点，现在他也毕业了，我也没有什么奢望打多少了。”

科波菲尔若有所思地看着远处的海，突然想听听老人对海的看法。他说：“海是够伟大的了，滋养了那么多的生灵。”

老人说：“那么你知道为什么海那么伟大吗？”

科波菲尔不敢贸然接茬。

老人接着说：“海能装那么多水，关键是因为它位置最低。”

古罗马大哲学家西琉斯曾经说过：“想要达到最高处，必须从最低处开始。”正是因为老人把自己的位置放得很低，所以能够从容不迫，能够知足常乐。而许多年轻人有时并不能正确摆正自己的位置，总是一开始就把自己的位置摆得很高，殊不知唯有埋头从小事做起，将来才会有出头之日，如果开始时能把自己的位置放得低一些，今后就会有无穷的动力和后劲。

我们往往非常钦佩那些从小做到大的创业者们，他们的创业过程让人听得有滋有味、羡慕不已。他们受益和成功的进程也最明显。究其原因，主要是他们开始时就把自己的位置放得很低，想着失败了自己大不了还是一个一无所有的失业人员，没有包袱，没有顾虑，更重要的是他们乐于从小事做起，埋头苦干，不计较一时的得失，眼光总是很长远，所以最终他们成功了。

其实，一个人如果能一心一意地做事，世上就没有做不好的事。这里所讲的事，有大事，也有小事，其实大事与小事，只是相对而言。很多时候，小事不一定真的小，大事不一定真的大，关键看做事者的认知能力。

东汉时期，陈蕃年少气盛并颇为自负："大丈夫当扫除天下，安事一屋？"而薛勤则与之针锋相对："一屋不扫，何以扫天下？"提出了一个立志与实践的观点。

古语云："不积跬步，无以至千里；不积小流，无以成江海。"因为小是大的基础，大是小的积累，无小则不能成其大，不能做小事的人也终不能成就大事。生活中，对于那些不起眼的小事，谁都知道应该怎样做。有的人则不屑一顾，一心只想着干大事，但有的人却做了，并乐此不疲。最后，从小事做起的人一步步走向成功，小事不做、一心想一鸣惊人的人只能在更小的事上操劳，最终一事无成。

不因事小而不为，想成就一番大事业，必须埋头、弯腰，从小事做起，否则你将永远会为弥补小事的不足而忙碌在更小的事情上。卡耐基曾说过：“如果一个人对小事不屑一顾，即使做了也不情愿，每天只想着做大事，是不能委以重任的，因为十有八九他不能把事情做好。每天只想着做大事，而不想做小事的人，肯定也没有那个能力和毅力去做大事。”可见，成功的秘诀很简单，就是把工作中的小事做好了，以小积大，最终获得成功。

真正伟大的人物从来不蔑视日常生活中的各种小事情，即使常人认为很卑贱的事情，他们都满腔热情地对待。许多事实都在启迪我们：切勿因为事小而轻易放过，切勿因为事小而不为，重大的成功，重大的突破或许就凝结在这点点滴滴的小事中。周恩来总理在涉外场合，曾亲自俯下身子扶起倒在地上的椅子；居里夫人对待科学研究的每一个细节，从不轻易放过；牛顿对小小的一个苹果落地都要问其究竟……所以，古语云：“子虽贤，不教不明；事虽小，不做不成。”小事不想做，不去做，又何谈成大事，实现自己的梦想？

中国有句流传千古的话：“千里之行，始于足下。”要成功就必须从点滴做起，善于做小事，喜欢做小事。我们只有从小事做起，在小事中锻炼自己，才能为今后做真正的大事铺平道路。所以，无论手头上的事是多么不起眼，多么烦琐，只要你认认真真、仔仔细细埋头去做，就一定会有出头的一日。

不断地尝试才会有不断的成功

当机会来临时，你首先要做到的是要抛开所有顾虑，突破自己、战胜自己，自己先给自己一次机会。不要等待事情完美无缺或安全无误才愿意尝试，那样你可能永远等不到这种机会。

科学家曾做过这样的试验：将四只猴子关在一个房间里，每天只喂很少的食物，几天后，科学家在房间上的小洞放下一串香蕉，一只饿得头昏眼花的大猴子一个箭步冲向前，但当它还没拿到香蕉时，就被预设机关所泼出的滚烫热水烫得全身是伤，当后面三只猴子依次爬上去拿香蕉时，也一样被热水烫伤。于是众猴只好望“蕉”兴叹。

几天后，实验者换进一只新猴子进入房内，当新猴子也想尝试爬上去吃香蕉时，立刻被其他三只猴子制止，并告知有危险，千万不可尝试。实验者再换一只新猴子进入，当这只新猴子想吃香蕉时，有趣的事情发生了，这次不仅剩下的两只老猴子制止，连没被烫过的那只猴子也极力阻止它。实验继续，当所有猴子都已换新之后，上头的热水机关也取消了，香蕉唾手可得，却没有一只猴子敢前去享用。

这个实验的结果和我们的生活非常相似。禁忌和经验代代相传。虽然事过境迁、环境改变，大多数的人仍然恪守前人的失败经验，错失很多机会。因此，当机会来临时，或许你很害怕，或许你尚有疑虑。这些感觉其实很正常。不要做后来的猴子，连自己给自己机会的勇气都没有，面对香蕉虽垂涎欲滴，却被先来一步的猴子的经验所迷惑，不敢跨越雷池半步。

要知道，机遇总是偏爱有准备的人。面对机会，我们必须有足够的勇气和理智的行动。这样，才不会失去机会。

也许你曾为实现某个目标而拼搏过、奋斗过，但都以失败而告终。或许曾经听过别人的经验教训："机会只有一次，抓不住就永远没机会了。"当新的机会一次次降临到你身边的时候，你强烈想表现自己的欲望被曾经的伤口和别人的经验所吞噬，面对新的机遇，你退缩了。因此机会对你来讲，来得快去得也快。

一个垂头丧气的中年人，走进心理医师的诊疗室，向心理医师倾诉他一生不幸的遭遇："我经历无数的失败，早年求学，没有一次考试能够过关；踏入社会，经营许多生意，皆是负债收场；然后四处求职碰壁，难得有了一份工作，但没做多久，就被老板开除；现在连老婆也忍受不了我，跟我离婚了……"

心理医师问道："那么，你现在想怎么办呢？"

中年人万念俱灰地回答："我此刻只想一死了之。"

心理医师："你有没有小孩？"

中年人："有呀，又怎么样？"

心理医师笑了笑："还记得你是怎么教你的小孩走路的吗？从他第一次双手离开地面，颤颤巍巍地站起身来，是不是所有家人都会为他喝彩、为他鼓掌？"

中年人似有所悟："嗯……是的……"

心理医师继续道："然后孩子很快地又跌倒了，你是不是轻轻扶起他，告诉他，没关系，再试试看，你会走得很好的！”

中年人的语气坚定了些：“对，我会帮他……”

心理医师：“孩子经过无数次的练习，还是走得不稳。你会不会失去耐性，告诉他，最后再给你三次机会，如果再学不会走路，以后终生都不准走路，干脆我给你买个电动轮椅。”

中年人：“不会，我会再帮助他、鼓励他，因为我相信，他一定能学会走路的！”

心理医师：“那就对了，你才跌倒过几次，就想坐轮椅了？”

中年人抗议道：“可是，小孩子有人帮助他、提携他，而我没有。”

心理医师：“真正能帮助你、鼓励你的人是谁，此刻你还不知道吗？”

中年人想了想，朝心理医师重重地点了点头，昂首阔步地走出诊疗室。

可见，机会要靠自己去寻找、去把握，不多试几次，怎么知道自己行不行？有时人们甚至重新走到自己失败的地方，经过拼搏重新站起来。再给自己一次机会，常常会有意想不到的收获。你以前做出的努力不会白费，它至少可以使你积累经验或者避免重蹈覆辙。关键是要有尝试的胆量和面对挫败的勇气。只要坚持不懈，梦想终究会成为现实。

在人生的道路上，很少有人会一举成功，在经历几次正常的失败后，不是每个人都能坚持到底，不是每个人都能朝着自己理想的目标继续奋斗，他们选择的往往是向命运低头，做着重复、枯燥、收入微薄的工作。虽然工作没有贵贱之分，但每个人都应当有适合他自身个性和能力的工作。如果他天生只有这个能力还罢，否则，他的才能首先就被自己软弱的意志扼杀了。

席慕容曾经说过："在我们一生里，常常要付出很多无谓的代价，才能得到所期望的那一点点快乐。"吝于再给自己一次机会，说轻了是软弱无能的表现，说重一点，就是过早地给自己的人生画上了句号。再给自己一次机会，不要为曾经的付出而后悔。

不要让自己有"早知如此，何必当初"的慨叹，不要让自己留下遗憾，不要让自己咀嚼悔恨与叹息。那么就再给自己一次机会吧，即使已有千百次的失败，也许正是这千百次的失败为这最后一次的成功埋下了希望的种子。

要看清自己，不要看轻自己

有个人很穷，自己又没有一技之长。因为没有谋生的手段，他每天只有靠在城里乞讨度日，生活十分困窘。

刚好在此时，有个马医因为活计太多，忙不过来，需要找一个帮手。这个乞丐便主动找上门去，请求在马厩里给马医打打杂工，以此换取一日三餐。

这样一来，他再也不用沿街乞讨，晚上也不必飘泊流浪。安定的生活使他的日子变得充实起来，他干活也格外卖力，并决心成为一个马医。

可是，有人却在他身边取笑他说：“马医本来就是一个被人瞧不起的职业，而你不过是为了混口饭吃，就去给马医打杂，当下手，这不是你莫大的耻辱吗？”

这个昔日的乞丐平静地回答：“依我看，天下最大的耻辱莫过于寄生虫，靠乞讨度日。过去，我为了活命，连讨饭都不感到羞耻；如今能帮马医干活，用自己的劳动养活自己，同时还能学到东西，这又怎么能说是耻辱呢？”

只要自己不看轻自己，别人就不敢小瞧你。在任何时候都要保持自己的尊严。你应知道，你是这个世界上独一无二的人，因此你是珍贵的。你应该学会珍惜自己，才会赢得别人的尊敬。

如今人们所需要的不是谦虚，而是自信。只要你不懈追求，相信自己不比别人差，你就一定能行！哪怕你只是一块石头，但，站着就该是一座山，倒下便是路基，完整时给人启示，粉碎时使人警醒……你要时刻提醒自己：我很重要！

战后受经济危机的影响，日本失业人数陡增，工厂效益也很不景气。一家濒临倒闭的食品公司为了起死回生，决定裁员 1/3。有三种人名列其中：一种是清洁工，一种是司机，一种是无任何技术的仓管人员。这三种人加起来有 30 多名。经理找他们谈话，说明了裁员意图。

清洁工说：“我们很重要，如果没有我们打扫卫生，没有清洁优美、健康有序的工作环境，你们怎么能全身心投入工作？”

司机说：“我们很重要，这么多产品没有司机怎么能迅速销往市场？”

仓管人员说："我们很重要，战争刚刚过去，许多人挣扎在饥饿线上，如果没有我们，这些食品岂不要被流浪街头的乞丐偷光！"

经理觉得他们说的话都很有道理，权衡再三决定不裁员，重新制订了管理策略。最后经理在厂门口悬挂了一块大匾，上面写着："我很重要。"

从此，每天当职工们来上班，第一眼看到的便是"我很重要"这 4 个字。不管一线职工还是白领阶层，都认为领导很重视他们，因此工作也很卖命。同时这句话也调动了全体职工的积极性，几年后公司迅速崛起，成为日本有名的公司之一。

生命没有高低贵贱之分。蚯蚓虽然丑陋，却肥沃了无数的土地；一只蜜蜂虽然不起眼，但它可以传播花粉从而使大自然色彩斑斓。所以，任何时候都不要看轻了自己。在关键时刻，你敢说"我很重要"吗？试着说出来，你的人生也许会由此揭开新的一页。

学会激励自己，才能跑到最后

学会激励自己，自我期望的程度越大，就会取得越大的成就。

如果沉在海底的话，一枚硬币和一枚价值连城的金币是一样的。只有将金币打捞上来，并且去使用它，才能显出它们价值的大小。同样的道理，当你学会激励自己发挥潜能时，你才变得真实而有价值。

绝大多数人不相信他们自己有能力实现愿望，因而他们也从不激励自己，反而是在关键时刻告诉自己：“你不行的，还是别做白日梦了”，“我天生就是如此，再努力也没用了”……这些消极的语言不仅使他们丧失了自信，同时也封住了他们的潜能。成功者总是那些拥有积极心态并且善于激励自己的人。

卡耐基说过：“不能激励自己的人，一定是一个平庸的人，无论他的才能如何出色。”激励是我们生活的驱动力量，它来自于一种希望成功的愿望。没有成功，生活中就没有自豪感，在工作和家庭中也就没有快乐与激情。

激励的作用是强大的，它能说服和推动你去行动。行动就像生火一样，除非你不断给它加燃料，否则就会熄灭。激励就是行动的燃料，源源不断地为你提供行动的能量。时时用对成功的渴望来激励自己，你就会有足够的动力去战胜困难到达成功的彼岸。激励的力量是无穷的，它让你有勇气和能力面对一切困境，也足以使你彻底改变自己。

有一个名叫亨利·伍德的年轻人，刚开始做推销员。一天他对老板说：“我不干啦！”

“怎么回事？亨利。”老板问道。

“我不是干推销员的料，就这么回事！我总是不成功，我不想再干了。”

出乎意料的是，老板对他说：“如果我没看错人，你的确是干推销员的好料子。我向你保证，亨利·伍德。现在你马上离开这里，当你晚上回来的时候，你争取到的订单一定比你这一生中任何一天所争取到的还要多。”

亨利看着老板，愕然无声。他的眼睛亮了起来，充满了斗志，然后转身离开了老板的办公室。

那天晚上，亨利回来了，脸上充满了胜利的神采，他创下了一生中最佳的纪录——而且从此以后一直如此。

这个故事告诉我们：学会激励自己，自我期望的程度越大，就会取得越大的成就。你认为自己行，你就一定行。

成功的关键就在于你的心中要一直相信自己，同时要不时地激励自己。成功不属于那些妄自菲薄的人，它偏爱那些相信自己并时刻激励自己前行的人。

（1）可以通过各种信息来鼓励你的身心、振奋你的精神。比如，背诵几句格言，或者阅读一些快乐有趣的小故事。当你周围充满鼓舞人心的事物时，就比较容易在事情发展不顺时继续前进并回到工作中。

（2）当你取得一些成就时，或者有进步时，不妨给自己一点奖励，满足自己的小愿望，以此好好鼓励自己。

（3）将你所处行业的最顶尖的人士的照片贴在办公桌或者床头，暗暗立下目标：我一定要做得和他一样出色！

（4）不断地告诉自己，我可以做得更好，我可以让这份工作更具意义，那么你就能成为更加完美的员工。

（5）起床后就想象今天是完美快乐的一天，你是幸运的。对于那些并不很乐观的人，只要坚信这一点，那事情就有可能沿着他的情绪发展。这叫自我暗示。

（6）成功者在做事前，就相信自己能够取得成功，结果真的成功了，这是人的意识在起作用。人最怕的就是自己胡思乱想，自我设置障碍。做任何事，不要在心里制造失败，我们都要想到成功，要想办法把“一定会失败”的消极意念排除掉，增强自信心。

（7）每天花 5 分钟进行 3 次有意识的、积极的自我暗示。有规律的、积极的自我暗示能够快速改变一个人多年的习惯、态度以及思维方式。

（8）想象自己已经获得成功。成功者经常用这类暗示来提高自己的表现、康复身心和进行技巧的巩固。在上场之前，世界级的跳高运动员就常暗示自己已经跳过了横杆，而顶尖推销员在推销之前则经常想象他已经获得了订单。

图书在版编目（CIP）数据

没伞的孩子，必须努力奔跑 / 张卉妍著 . -- 北京：北京联合出版公司，2019.7（2022.6 重印）

ISBN 978-7-5596-3295-1

Ⅰ．①没… Ⅱ．①张… Ⅲ．①成功心理—青少年读物 Ⅳ．① B848.4-49

中国版本图书馆 CIP 数据核字（2019）第 110762 号

没伞的孩子，必须努力奔跑

著　　者：张卉妍
责任编辑：管　文
封面设计：施凌云
责任校对：刘雅君
美术编辑：潘　松

北京联合出版公司出版
（北京市西城区德外大街83号楼9层　100088）
三河市燕春印务有限公司印刷　新华书店经销
字数180千字　880毫米×1230毫米　1/32　8印张
2019年7月第1版　2022年6月第9次印刷
ISBN　978-7-5596-3295-1
定价：36.00元
